LA PROMESSA

Project Manager
Pietro Della Lucia

Art Director
Luigi Fiore

Design Concept
Federico Mininni

Coordinamento editoriale / Editorial Coordination
Eva Vanzella

Redazione / Copy Editor
Anna Albano

Impaginazione / Layout
Luigi Pasetto

Traduzione / Translations
Peter Mark Eaton per / for Scriptum, Roma

First published in Italy in 2023 by
Skira editore S.p.A.
Palazzo Casati Stampa
via Torino 61
20123 Milano
Italy

Printed and bound in Italy. First edition
ISBN: 978-88-572-4974-2

Distributed in USA, Canada, Central & South America by ARTBOOK | D.A.P., 75 Broad Street, Suite 630, New York, NY 10004, USA.
Distributed elsewhere in the world by Thames and Hudson Ltd., 181A High Holborn, London WC1V 7QX, United Kingdom.

Finito di stampare nel mese di marzo 2023
a cura di Skira editore, Milano
Printed in Italy

www.skira.net

L&P
SOLUTIONS

Ringraziamenti / Acknowledgements
Giovanna, Bianca, Elisabetta e / and Gregorio
Luigi Frigerio

Luchi Fiduciaria S.r.l.

Walter Basso
Urbano Ciacci
Jean-Louis Delaet
Nino Domenico Di Pietrantonio
Francesco Genuardi e / and Isabel Achával
Maria Antonietta Gigliotti
Giuseppina Infantino
Beatrice Maestrini
Palmerino Ricci
Lino Rota
Matilda Trabalza
Photomovie, Claudio, Rossana, Loris e / and Francesco
Luigi Viganò

Tommaso Maurizio
Maria Sole Olimpia
Carlo Maria

MAURIZIO GALIMBERTI

LA PROMESSA

MARCINELLE: 8 AGOSTO 1956

da un'idea di / concept by

PAOLO LUDOVICI

SKIRA

GattiPavesiBianchiLudovici

FAME
GABRIELE ROMAGNOLI

Una mattina d'agosto Maurizio Galimberti
ha rivolto l'obiettivo della sua macchina fotografica verso l'alto
e per alcune ore ha ripreso lo stesso soggetto,
che tuttavia è cambiato per ognuno dei 262 scatti:

Il cielo sopra Marcinelle.

Inizialmente più terso, si è con il tempo rannuvolato. La stessa cosa accadde un'altra lontana mattina, quella dell'8 agosto 1956, nella stessa località mineraria belga. Si poté presagire la pioggia, ma non quella che avrebbero chiamato "la catastròfa", con un involontario neologismo italo-francese: la sciagura che produsse tante vittime nero-carbonizzate quanti gli scatti azzurri realizzati sessantasei anni dopo.

Una fotografia ferma l'attimo. Una persona, un luogo, una circostanza sono imprigionati nell'istante in cui viene azionato il dispositivo di ripresa. Il prima e il dopo sono lasciati all'incertezza e all'opinabilità dell'interpretazione. Come davanti a un quadro di Edward Hopper e ai suoi soggetti solitari, in apparenza immersi in una quieta disperazione, possiamo immaginare che siano in realtà in attesa di qualcuno, di qualcosa, o che li trafigga la disillusione per un evento appena trascorso, così ogni fotografia ci lascia nell'incertezza del passato e del futuro prossimi di ciò che rappresenta. Non in questo caso. Non nell'opera di Maurizio Galimberti. Il suo "riutilizzo" delle immagini è esplicativo. Scava dentro il già fotografato per trovarvi un senso rimasto laterale, un'anima dentro il corpo meccanico. Contestualizza. Storicizza. Il momento viene immerso nel flusso e il particolare diventa protagonista. Di quel cielo ci racconta il rombo che annuncia la tempesta e il terminale posarsi delle sue conseguenze sulla terra. Causa ed effetto convivono nel presente che hanno determinato e da cui provengono. Sul cadavere della miniera del Bois du Cazier viene così condotta un'autopsia per immagini che spiega il delitto. Ci dice in modo incontrovertibile che era doloso, di quel dolo che i penalisti definiscono "eventuale", ossia chi ha commesso il fatto era disposto (in nome del profitto) all'evenienza di conseguenze mortali. Ci dice che il reato è stato "continuato", ossia era già in atto prima dell'incendio ferale e non è stato interrotto dopo. La sua scia arriva fino a oggi, anzi, a domani. La mano chiusa a pugno di una donna che rimase orfana da bambina. Il volto di un'altra dietro le sbarre che la separarono da una tremenda verità. Le bare allineate con la stessa fredda geometria con cui lo erano gli abiti da lavoro appesi nella "sala degli impiccati". I nomi (finalmente) dei morti, scovati e replicati in un mosaico che è al contempo moltiplicazione del dolore e coro di un atto d'accusa che attraversa il tempo e da Marcinelle giunge fino alla miniera esplosa in Turchia mentre questo libro andava prendendo forma e al numero imprecisato (dai due ufficiali ai 6500 presunti) di operai morti nel corso di dodici anni nei cantieri per la costruzione degli impianti per i mondiali di calcio in Qatar. Ora come allora, queste sono "stragi di Stato". Responsabili: uno Stato che manda i propri figli a morire perché non riesce a sfamarli, senza preoccuparsi del destino che li attende, un altro che li riceve come un male necessario e li sfrutta, li controlla, senza garantire quella sicurezza a cui, per sé, tanto tiene. Treni blindati, barconi. Eterni migranti da un sud del mondo che a quel tempo era l'Italia. I postumi di una guerra, sempre. E la motivazione che accomuna ieri come oggi quelli che preferivano un destino incerto a quel che avevano: la

Fame.

Il dopoguerra non fu un picnic. Il boom venne più avanti ed ebbe una miccia lunga. All'euforia della liberazione subentrò lo sconforto causato dal confronto con la realtà. Il mondo stava subendo un'accelerazione a cui l'Italia non era preparata. L'espansione capitalista impose metodi e tempi, sovvertì il mercato delle materie prime e quello della forza lavoro. Le due cose divennero intercambiabili: si potevano comprare le une con l'altra e viceversa. L'accordo siglato fra Italia e Belgio nel 1946 ne fu un esempio. Cinquantamila futuri minatori in cambio di parte del carbone che avrebbero estratto. Numeri precisi, come se si trattasse di merci pesate, da un lato e dall'altro. Il manifesto per il reclutamento ha l'allettante colore rosa della maglia indossata dal vincitore del Giro d'Italia, appena ricominciato dopo la sospensione forzata di cinque edizioni con una classifica storica: primo Bartali, secondo Coppi. Galimberti ha lavorato su quel manifesto scomponendolo, evidenziando e replicando le parole chiave, OPERAI ITALIANI MINIERE BELGHE, mettendo in fila i numeri che erano di salari e assegni familiari e rendendo il resto confuso come doveva apparire agli occhi di chi si accostò per leggere, abbagliato da quelle lettere e cifre iniziali che significavano lavoro, soldi, fine della fame. Come le clausole di una polizza ingannevole, il resto lo si vede sfocato, doppio, triplo. In questa rivisitazione il roseo invito al viaggio verso un futuro più sereno si rivela per quel che è: un miraggio. Ci si allontana dal deserto della disoccupazione, ma Marcinelle (MINIERA BELGA) non sarà l'oasi promessa.

Le immagini, ancora una volta, ce lo raccontano. Sovrappongono tre espressioni che si sono succedute nel tempo: campo di concentramento/campo d'attesa/campo profughi. Le baracche dei lager diventano quelle dei prigionieri che diventano quelle dei minatori che diventano quelle dei dispersi della terra. Gli alloggi promessi per i cinque anni di contratto erano in realtà le strutture provvisorie erette in tempo di guerra e l'attesa indicata nel nome non doveva finire, in realtà, mai. Lo stesso accadrà nei campi profughi costruiti altrove per i diseredati del mondo. Li caratterizza una provvisorietà smentita dai fatti. Abitazioni di passaggio diventano stabili ma è proibito perfino riparare un tetto di lamiera bucata perché "da un momento all'altro si ripartirà". Quel momento però non arriva.

Gli italiani giunti in Belgio avevano superato una selezione alla base. Oggetto della valutazione non erano soltanto la salute e la forza, ma anche il carattere e la posizione politica. Niente attaccabrighe, niente sindacalizzati. Controllati, repressi, isolati e discriminati. I cartelli "Vietato

HUNGER
GABRIELE ROMAGNOLI

One August morning Maurizio Galimberti
pointed the lens of his camera upwards,
and for several hours photographed the same subject,
which changed, however, in each of the 262 shots:

The sky above Marcinelle.

Initially clearer, eventually it clouded over. The same thing happened on another morning long ago, the morning of 8 August 1956, in the same Belgian mining town. The rain could be forecast, but not what came to be known as "la catastròfa", with an involuntary Italo-French neologism: the disaster that caused the same number of smoke-blackened victims as the blue shots taken sixty-six years later.

A photograph captures a moment. A person, a place, or an event are imprisoned in the moment the shutter is released. The before and the after are left to the uncertainty and the subjectivity of interpretation. Just as when we look at a painting by Edward Hopper and at his solitary subjects, apparently immersed in quiet despair, we can imagine that they are actually waiting for someone, or something, or that they are haunted by the disappointment of a recent event, so every photograph leaves us unsure of what has just happened and what is about to happen. Not in this case. Not in this work by Maurizio Galimberti. His "re-use" of images explains it. He mines what has already been photographed to find within it a meaning that has remained to one side, a soul within the mechanical body. He contextualizes. He historicizes. The moment is immersed in the flux and the detail takes centre stage. He recounts the rumble of that sky that announces the storm and the arrival of its consequences on the ground. Cause and effect coexist in the present which they have brought about and from which they emerge. In this way an autopsy is carried out on the corpse of the Bois du Cazier coal mine, an autopsy in images that explains the crime. It tells us incontrovertibly that it was committed with intent, the sort of intent that criminal lawyers define as "dolus eventualis", in other words when the perpetrator was willing (for the sake of profit) to accept the possibility of fatal consequences. It tells us that the offense was "continuing", in other words it had begun before the deadly fire and continued afterwards. Its trail reaches the present, even the future, in fact. The clenched fist of a woman orphaned as a child. The face of another woman behind the bars that separate her from a terrible truth. The coffins lined up with the same cold precision as the work clothes hanging in the changing room. The names (finally) of the dead, discovered and written in a mosaic that is both an amplification of grief and a lasting accusation that stretches from Marcinelle right up to the Turkish mine that exploded just as this book was taking shape and the uncertain number of workers who died during the twelve-year building programme for the World Cup in Qatar (two according to official data, 6,500 according to newspaper reports). Now as then, these are "state massacres". The guilty parties: a state that send its citizens to die because it cannot feed them, without worrying about the destiny that awaits them, and another state that "welcomes" them as a necessary evil and exploits them, controls them, without guaranteeing the safety that it demands for itself. Armoured trains, small boats. Eternal migrants from the south of the world, which at that time was Italy. The aftermath of war, always. And the motivation shared, yesterday as today, by those who preferred an uncertain destiny to their reality:

Hunger.

Life after the war was not a picnic. The boom came later and had a long fuse. The euphoria of liberation was replaced by despair caused by the new situation. The world was accelerating, but Italy was unprepared. The capitalist expansion imposed new methods and rhythms, overturning the market of raw materials and the labour market. The two things became interchangeable: you could buy raw materials with labour, and vice versa. The agreement signed between Belgium and Italy in 1946 was an example. Fifty thousand future miners in exchange for a part of the coal they would extract. Precise numbers, as if it were a case of goods weighed, on both sides of the scales. The recruitment poster had the attractive pink colour of the pink jersey worn by the winner of the Giro d'Italia, which had just taken place after being suspended for five years, with a classic podium: first Bartali, second Coppi. Galimberti has taken the poster apart, highlighting and repeating the key words, OPERAI ITALIANI MINIERE BELGHE (Italian workers Belgian mines), focusing on the numbers that indicated the salaries and the child benefits and turning the rest into a jumble, as it must have appeared to the men who jostled to read it, blinded by those letters and figures that meant work, money, the end of hunger. Like the clauses of a misleading policy, the rest seems blurred, double, triple. In this reworking the rose-tinted invitation to the journey towards a better future is seen for what it was: a mirage. It might have been a way out of the desert of unemployment, but Marcinelle (MINIERA BELGA) would not be the promised oasis.

Once again it is images that tell the story, putting together three expressions that have followed each other over time: concentration camp/holding camp/refugee camp. The huts of the concentration camps become those of the prisoners which become those of the miners which become those of the refugees. The lodgings promised for the five years of the contract were in reality the temporary huts put up during the war, temporary huts that would become permanent. The same would happen in the refugee camps built elsewhere for the disinherited of the earth. Characterized by a provisional function belied by the facts. Temporary dwellings become permanent, but it is forbidden even to repair a metal roof full of holes because "things will start to move any time now". But that time never comes.

l'ingresso a cani e italiani" verranno rimossi soltanto dopo la tragedia. Lavoravano otto ore al giorno, in cunicoli a volte alti non più di mezzo metro, distesi, i piedi nell'acqua, respirando gas mefitici e coprendosi la pelle di uno strato scuro che le mogli a sera lavavano via con l'olio, non riuscendoci mai del tutto. "Se al mondo c'è ancora un Padreterno, mandi qualcuno a toglierci da questo inferno", cantavano. Cantavano, la domenica. E mettevano la camicia bianca e, chi l'aveva, il Borsalino in testa. Eleganti, gl'italiani: da far invidia ai belgi a cui "rubavano" lavoro e donne. Bastava saper cantare, saper suonare la fisarmonica. C'è una foto di gruppo con suonatore attorniato da amici e parenti: dodici uomini (per lo più in canottiera e con baffi sottili), dieci donne, sei bambini. Galimberti l'ha suddivisa in quadranti per mostrarceli meglio. Nessuno sorride. Sono tutti preoccupati. Qualcuno di loro ha sentito il tuono lontano, avuto il presentimento: non sarà facile

Sopravvivere.

Urbano Ciacci è l'ultimo sopravvissuto alla tragedia, intesa come la vita stessa che precedette e seguì le morti e non soltanto quella data. Ha continuato a vivere accanto alla miniera e ora fa da guida a chi voglia visitarla. Non è il solo a essere rimasto. Per alcuni è come se andarsene significasse dimenticare. Di fronte al lutto si propongono due reazioni opposte: la sua elaborazione o la sua rimozione. Uno dei ritratti che Maurizio Galimberti ha dedicato a Urbano Ciacci indica una terza via. L'uomo è ripreso di profilo. Ha in testa il casco con la lampada, quello che sopperì alla necessità di portarla a mano o, peggio, di avere con sé il canarino in gabbia il cui silenzio annunciava una fuga di gas. Ciacci guarda davanti a sé. Alla sua destra ci sono le fotografie di alcuni compagni morti. Per uno strano effetto il sopravvissuto sembra ringiovanito, riportato alla loro stessa età, al tempo in cui prendevano insieme quel tremendo ascensore per inabissarsi nel profondo della terra. Nella fiction che la televisione pubblica italiana ha dedicato a Marcinelle gli ascensori sono più alti di una persona e spaziosi. Nella realtà portavano cinque passeggeri accovacciati ed erano composti da otto gabbie collegate tra loro. Alla prima partenza il cuore dei trasportati balzava in gola, poi a tutto ci si abituava, anche a scendere mille metri. In quell'immagine Ciacci è pronto a partire, ancora una volta. Non guarda le fotografie ricordo dei suoi compagni perché non sono ancora morti. Li fa letteralmente rivivere. Li "resuscita" ogni volta che ne racconta la storia. In quell'eterno presente il fantasma è lui. Non elabora, non rimuove, ma (questa è la terza via) custodisce il lutto. Lo porta con sé per la quotidiana evenienza del ricordo, lo lucida come un oggetto a lui caro nel quale si specchia. Un orologio da taschino, che non si è mai fermato, ma più volte al giorno segna l'ora in cui la miniera esplose.

C'è un grande timore nel popolo ebraico. Riguarda la scomparsa dell'ultimo sopravvissuto alla Shoah. Quel che si teme è che senza una persona con i numeri sul braccio e senza la sua testimonianza prendano ancor più terreno il negazionismo e l'indifferenza, che quella vicenda venga rimossa e diventi quindi ripetibile. I sopravvissuti sono una razza strana, divisa tra il senso di una missione e quello di una colpa (che non sarebbe tale, ma sentono ugualmente). Come tutte le tragedie, Marcinelle ha avuto, in questo caso letteralmente, sommersi e salvati. Qualcuno non è mai riaffiorato dall'abisso, che la sua bara contenga un corpo o delle pietre. Qualcun altro gli fa compagnia, anche se ha potuto raccontare come l'abbia scampata per intervento del caso: un cambio di turno, una malattia improvvisa, la decisione di prolungare la permanenza in Italia per accelerare il matrimonio. Ha potuto dirci del dopo, che abbiamo conosciuto anche perché, forse per la prima volta in Europa, sul "luogo del delitto" accorsero radio e televisioni mostrando quel che c'era (i familiari aggrappati ai cancelli chiusi) e quel che mancava (i rappresentanti dello Stato italiano, trafitti da tardivo pudore per aver firmato quell'accordo e non aver mai vigilato sul modo in cui veniva attuato).

Come molte stragi di Stato (figurarsi questa, attribuibile a due), Marcinelle ha seppellito alcuni misteri. Primo fra tutti quello delle cause, risolto con l'attribuzione dell'errore umano all'ingabbiatore Antonio Iannetta, capro espiatorio forse volente, incolpato e fatto sparire, spedito in quel Canada che al tempo era un pianeta lontano, dove è morto nel febbraio del 2012 portando con sé i segreti di quel giorno. Oggi al Bois du Cazier c'è una caffetteria. Per entrare nel sito minerario si paga un biglietto. L'8 agosto è una ricorrenza che resta cupa. Al mattino la campana batte 262 rintocchi, come le vittime e come i cieli di Galimberti. Prima di ognuno viene pronunciato il nome di chi al tempo aveva soltanto un numero per farsi distinguere.

Marcinelle resta e al tempo stesso scivola indietro, nella fossa del passato, dove ogni avvenimento sembra inverosimile eppure è accaduto e meno gli si crede più è facile che si possa ripetere, come infatti è avvenuto, sta avvenendo e avverrà. Urbano Ciacci non è immortale. Quando lui non ci sarà più resterà almeno questo lavoro di Maurizio Galimberti che è documento e arringa accusatoria, prova e sentenza di condanna. In nome del popolo italiano e per conto di

Tutti gli ultimi della Terra.

The Italians who arrived in Belgium had gone through a selection in Italy. It was not only their health and strength that was assessed, but also their character and political views. No troublemakers, no union men. Controlled, repressed, isolated and discriminated against. The "Interdit aux chiens et aux italiens" signs would only be removed after the tragedy. They worked eight hours a day, in tunnels sometimes as low as two feet, stretched out, their feet in the water, breathing foul gases and covering their skin with a dark layer that their wives tried in vain to wash off with oil in the evening. "If there is still a God in this world, may He send someone to rescue us from this Hell", they sang. They sang on Sundays. They would put on a white shirt and, those who had one, a Borsalino hat. The Italians were elegant, envied by the Belgians whose work and women they "stole". It was enough to be able to sing, or to play the accordion. There is a group photo with a musician surrounded by friends and relatives: twelve men (most of them in vests with thin moustaches), ten women, and six children. Galimberti has divided it into quadrants to show us better. No one is smiling. They are all worried. Some of them have heard the distant rumble, have had a presentiment: it would not be easy

To survive.

Urbano Ciacci is the last survivor of the tragedy, understood as the life that preceded and followed the deaths, and not only the date. He continued to live close to the colliery, and now acts as a guide for anyone who wants to visit it. He is not the only one who stayed. For some it was as if leaving would mean forgetting. In the face of mourning there are two opposite reactions: to work through it or to repress it. One of the portraits that Maurizio Galimberti has made of Urbano Ciacci shows a third way. Ciacci is captured in profile. He is wearing the helmet with a lamp, the one which meant miners no longer had to carry lamps in their hands, or, even worse, to use caged canaries to warn them of gas leaks. Ciacci is looking straight ahead. To his right are the photos of dead workmates. By a strange effect the survivor seems to have grown younger, to have returned to the time when they took that terrible lift together to plunge into the depths of the earth. In the Italian public television series about the Marcinelle disaster, the lifts are higher than the average man, and spacious. In fact, they carried five men who all had to crouch, and were made up of eight cages joined together. The first time they took the lift, they did so with their hearts in their mouths. But eventually you get used to everything, even to going down 3,000 feet. In that image Ciacci is ready to leave, once again. He does not look at the photos of his workmates because they are still not dead. He makes them live again, literally. He "resuscitates" them every time he tells their story. In that eternal present he is the ghost. He does not work through or repress grief, but (and this is the third way) guards it. He carries it with him for the daily remembrance, polishes it like an object dear to him in which he is mirrored. A pocket watch, which has never stopped, but which twice a day marks the time when the mine exploded.

The Jewish people have one great fear: the death of the last survivor of the Shoah. What they fear is that without a person with the numbers on their arm and without their testimony, negationism and indifference will gain even more ground, that what happened will be forgotten and could therefore happen again. Survivors are a strange breed, divided between a sense of mission and a sense of guilt (they have no reason to feel guilt, but they do so all the same). Like all tragedies, Marcinelle had the drowned and the saved. Some never emerged from the abyss, whether their coffin contained a body or stones. Others died with them, although they lived to tell the tale of how they escaped death by chance: a change of shift, a sudden illness, the decision to stay a bit longer in Italy to speed up their wedding. They were able to tell us about what happened after, which we also knew about because radio and TV reporters, perhaps for the first time in Europe, rushed to the "crime scene" to describe what they saw (relatives clinging to the closed gates) and what they did not see (the representatives of the Italian state, racked by shame for having signed the agreement without ever checking how it was implemented).

Like many state massacres (even more so when two states are involved), Marcinelle buried many mysteries. First of all, the mystery of the causes; in the end it was all put down to human error on the part of the cager Antonio Iannetta, a scapegoat, maybe willing, who was blamed and sent off to Canada, at that time a distant planet, where he died in February 2012 taking his secrets with him. Now at Bois du Cazier there is a café. To visit the site of the colliery you need to buy a ticket. August 8 is a sombre anniversary. In the morning the bell tolls 262 times, the same number as the victims and as Galimberti's skies. Before each toll a name is pronounced, the name of a man who at the time was only a number.

Marcinelle remains and at the same time slips backwards, into the dark hole of the past, where every event seems improbable, although it happened, and the less we believe it the higher the chances that it will happen again, as has happened, is happening now, and will happen in the future. Urbano Ciacci is not immortal. When he has gone at least this work by Maurizio Galimberti will remain, as a record and a criminal charge, a proof and a sentence of guilt. In the name of the Italian people and on behalf of

All the poor of the earth.

MAURIZIO GALIMBERTI
LA FORZA DELLA MEMORIA
DENIS CURTI

Per Maurizio Galimberti gli ultimi cinque anni segnano un intenso periodo di sperimentazioni e ricerche, con una particolare attenzione alla rilettura delle opere d'arte antica e delle grandi icone che hanno segnato con forza passaggi storici del periodo moderno e contemporaneo. Questa sua ultima produzione, dedicata alla tragedia di Marcinelle, è da considerarsi una sorta di capitolo conclusivo di una trilogia fortemente legata al suo desiderio di riportare alla nostra attenzione eventi storici che, diversamente, rischiano un profondo oblio.

La vicenda di Marcinelle è tristemente nota. In una calda giornata estiva, l'8 agosto 1956, poco fuori dalla città di Marcinelle, in Belgio, si consumò uno dei più gravi incidenti minerari della storia. Perirono 262 persone, di cui 136 italiani immigrati. Ed è proprio da Marcinelle che Galimberti muove la sua "indagine" e raccoglie documenti, articoli di giornali e fotografie, fino a incontrare testimoni dell'epoca e produrre interviste. In questo patrimonio di memorie Galimberti cerca e trova nuove motivazioni per re-interpretare un presente che sembra farsi sempre più frammentario e confuso, affollato da un flusso continuo di immagini e parole che sembrano alimentare un assordante rumore di fondo. È necessario individuare e scegliere una bussola per stabilire una direzione, tracciare un percorso affinché l'indagine possa trovare un orientamento preciso. Galimberti sceglie un brano del 1985, tratto dalla quarta delle *Lezioni americane* di Italo Calvino: "Oggi siamo bombardati da una tale quantità di immagini da non saper più distinguere l'esperienza diretta da ciò che abbiamo visto per pochi secondi alla televisione. La memoria è ricoperta da strati di frantumi d'immagini come un deposito di spazzatura, dove è sempre più difficile che una figura tra le tante riesca ad acquistare rilievo". In questo testo profetico, che non smette mai di sorprendere per la sua capacità di essere contemporaneo, Calvino si domanda: "Quale sarà il futuro dell'immaginazione individuale in quella che si usa chiamare la 'civiltà dell'immagine'?" Una soluzione potrebbe essere quella di riappropriarsi dell'esistente, del già visto, "riciclare le immagini usate in un nuovo contesto che ne cambi il significato". Ed è in questo contesto rinnovato che prende forma il progetto di Galimberti. Un percorso artistico e intellettuale che cerca di rievocare il passato con modalità già sperimentate nella sua lunga carriera e alcuni passaggi "tecnici" inediti. Attraverso il riutilizzo di materiali d'archivio, Galimberti riporta alla luce quei volti che, quasi settant'anni fa, alla luce non riuscirono ad arrivare, intrappolati in un vero e proprio inferno. Il nostro autore si esprime ancora una volta con la "fotografia istantanea". È il suo mezzo prediletto e con questo strumento ricrea quei fortissimi mosaici che, una volta messi in pagina, formano un racconto armonico e, per certi versi, spiazzante. Il suo è un gesto assolutamente non convenzionale: utilizza il linguaggio fotografico, che ha sempre prestato attenzione al racconto del presente, all'attimo fuggente di origine "bressoniana", per rievocare il passato, ridando vita ed energia a fotografie d'archivio statiche, ferme nel tempo, dimenticate. È per questo approccio che le produzioni di Galimberti sono da intendersi come vere e proprie *architetture progettuali della memoria*. Le sue immagini offrono spunti riflessivi spiazzanti, perché l'occhio si perde in un complesso caleidoscopio di frammenti. L'operazione fotografica che compie è paragonabile a un *ready-made*: preleva un frammento di realtà per ricollocarlo in un nuovo ambiente, in una nuova cornice. Così, attraverso ritagli di giornali e documenti d'archivio, Galimberti re-interpreta gli eventi, creando una dimensione di tempo sospeso. La sua è una ricerca minuziosa del dettaglio, che come per magia si riproduce un numero indefinito di volte, dando vita a una dimensione surreale, scandita da piccoli tasselli che costituiscono un grandissimo mosaico di vite.

Il suo gesto non si limita a una scomposizione e a una ricostruzione, è una vera e propria manipolazione dell'oggetto-foto. Galimberti scrive, lascia tracce pittoriche, ritaglia, scontorna e brucia la fotografia, lasciando sentire allo spettatore la *carnosità* dell'immagine. Il fuoco, come sessantasei anni fa, divora le foto, trasformando la materia, mentre le tracce pittoriche, esattamente come il fumo di allora, occultano i volti di coloro che perirono in una grandissima bolgia infernale. Infine c'è un che di autobiografico in questa produzione, come in tutti i suoi lavori precedenti, perché Galimberti entra nelle storie che racconta, lascia da parte la documentazione per far spazio a una dimensione emotiva e sentimentale. La componente gestuale è testimonianza di un profondo coinvolgimento: il suo racconto non è narrato da una voce fuori campo, bensì da un'accorata partecipazione che non gli permette di rimanere imparziale e impassibile dinnanzi a ciò che vede.

MAURIZIO GALIMBERTI
THE POWER OF MEMORY
DENIS CURTI

For Maurizio Galimberti the last five years have been an intense period of experimentation and research, focused in particular on the re-reading of ancient works of art and of the great icons that have marked historic events in the modern and contemporary period. His latest work, devoted to the tragedy of Marcinelle, can be considered a sort of final chapter of a trilogy inspired by his desire to bring back to our attention historical events that might otherwise have been completely forgotten.

The tragedy of Marcinelle is sadly well-known. One hot summer day, 8 August 1956, just outside the town of Marcinelle in Belgium, one of the most serious mining accidents ever took place. Two hundred and sixty-two people died, including 136 Italian migrant workers. And it is precisely from Marcinelle that Galimberti begins his "investigation", gathering together documents, newspaper articles and photos, and interviewing witnesses from the time. In this patrimony of memories Galimberti has sought and found new motivations to re-interpret a present that seems to be becoming ever more fragmentary and confused, crowded with a continuous flow of images and words that seem to create a deafening background noise. It is necessary to identify and choose a compass to establish a direction, to trace a path so that the investigation can find a precise orientation. Galimberti has chosen a passage from 1985, drawn from the fourth of Italo Calvino's *Six Memos for the Next Millennium*: "We are bombarded today by such a quantity of images that we can no longer distinguish direct experience from what we have seen for a few seconds on television. The memory is littered with bits and pieces of images, like a rubbish dump, and it is more and more unlikely that any one form among so many will succeed in standing out." In this prophetic text, which never ceases to surprise for its capacity to be contemporary, Calvino asks himself: "What will be the future of the individual imagination in what is usually called the 'civilization of the image'?" One solution might be to reappropriate what already exists, what has already been seen, to "recycle used images in a new context that changes their meaning". And it is in this new context that Galimberti's project takes form. An artistic and intellectual path that seeks to re-evoke the past in ways already experimented in his long career and a few new "technical" strategies. By re-using archive materials, Galimberti brings back to the light the faces which never managed to see the light again, seventy years ago, trapped in a genuine inferno. He expresses himself once again through "instant film photography", his favoured means, through which he recreates the incredible mosaics which, once arranged on the page, form a harmonious, though in some ways disorienting account. His method is absolutely non-conventional: he uses the language of photography, which has always focused on the present, on the fleeting moment of "Bressonian" origin, to re-evoke the past, giving new life and energy to static archive photos, frozen in time, forgotten. It is because of this approach that Galimberti's works are to be understood as full-fledged *projectual architectures of memory.* His images offer disorienting starting points for reflection, because the eye gets lost in a kaleidoscopic complex of fragments. The photographic operation he performs can be compared to a ready-made: it takes a fragment of reality to place it in a new environment, a new frame. In this way, through newspaper cuttings and archive documents, Galimberti re-interprets events, creating a dimension of suspended time. His is a careful search for the detail, which as if by magic is reproduced an indefinite number of times, giving rise to a surreal dimension, marked by small pieces that form a great mosaic of lives.

His gesture is not merely a question of decomposition and recomposition, it is a genuine manipulation of the photo-object. Galimberti writes, leaves pictorial traces, cuts out, removes the background and burns the photos, letting the spectator feel the *fleshiness* of the image. Fire, like sixty-six years ago, devours the photos, transforming the material, while the pictorial traces, exactly like the smoke in Marcinelle, hide the faces of those who died in a terrible infernal *bolgia*. Finally, there is something autobiographical in this work, as in all his previous works, because Galimberti enters into the stories he tells, putting the documentary records aside to make room for an emotional dimension.

The gestural component is the sign of a deep involvement: the story is not narrated by an off-screen voice, but by a mournful participation that does not allow him to remain indifferent and unmoved in the face of what he sees.

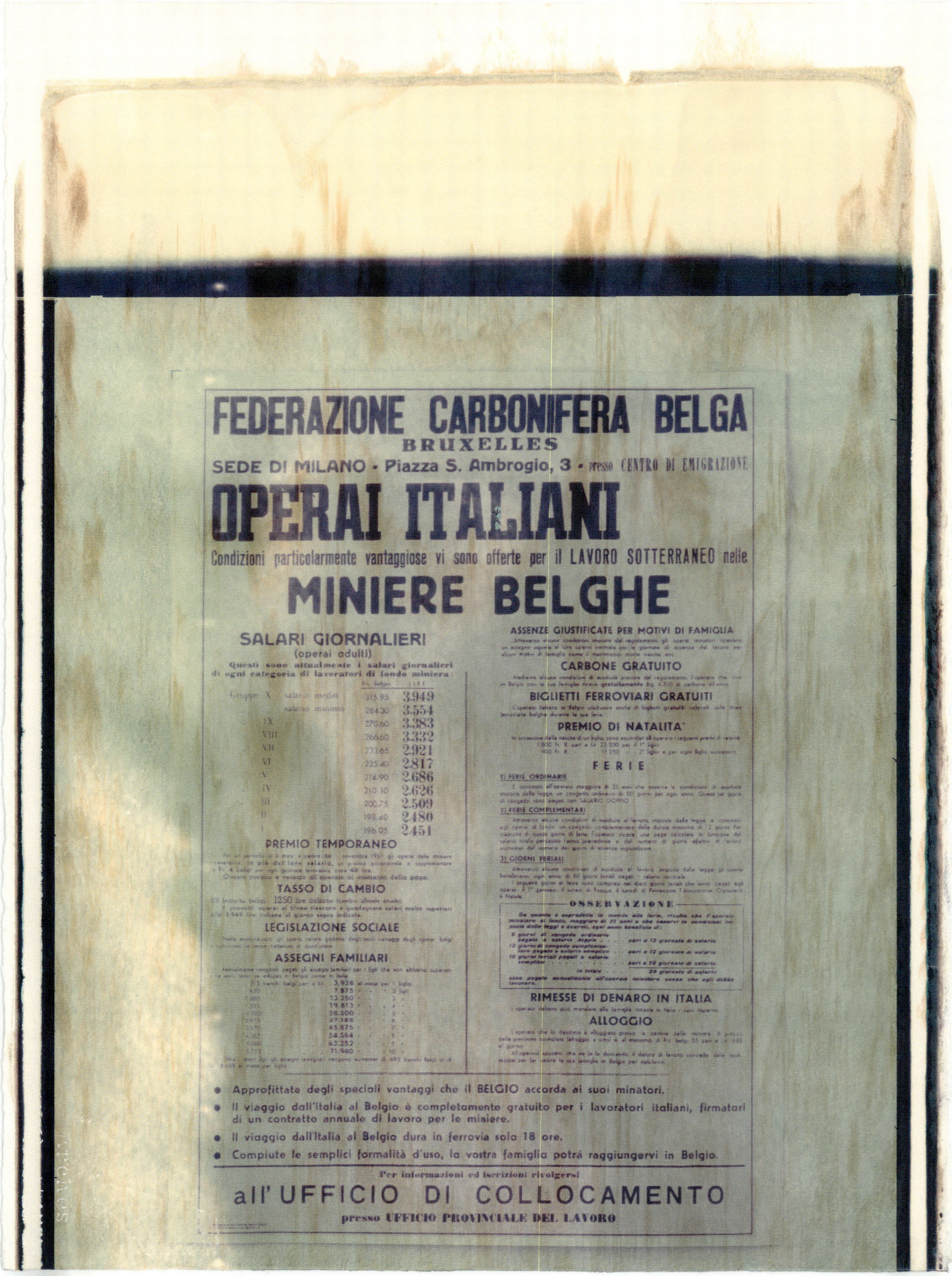
FEDERAZIONE CARBONIFERA BELGA
BRUXELLES
SEDE DI MILANO - Piazza S. Ambrogio, 3 - presso CENTRO DI EMIGRAZIONE
OPERAI ITALIANI
Condizioni particolarmente vantaggiose vi sono offerte per il LAVORO SOTTERRANEO nelle
MINIERE BELGHE
SALARI GIORNALIERI
(operai adulti)
Questi sono attualmente i salari giornalieri di ogni categoria di lavoratori di fondo miniera:
3.949
3.554
3.383
3.332
2.921
2.817
2.686
2.626
2.509
2.480
2.451
PREMIO TEMPORANEO
TASSO DI CAMBIO
LEGISLAZIONE SOCIALE
ASSEGNI FAMILIARI
ASSENZE GIUSTIFICATE PER MOTIVI DI FAMIGLIA
CARBONE GRATUITO
BIGLIETTI FERROVIARI GRATUITI
PREMIO DI NATALITA'
FERIE
OSSERVAZIONE
RIMESSE DI DENARO IN ITALIA
ALLOGGIO
Approfittate degli speciali vantaggi che il BELGIO accorda ai suoi minatori.
Il viaggio dall'Italia al Belgio è completamente gratuito per i lavoratori italiani, firmatari di un contratto annuale di lavoro per le miniere.
Il viaggio dall'Italia al Belgio dura in ferrovia solo 18 ore.
Compiute le semplici formalità d'uso, la vostra famiglia potrà raggiungervi in Belgio.
Per informazioni ed iscrizioni rivolgersi
all'UFFICIO DI COLLOCAMENTO
presso UFFICIO PROVINCIALE DEL LAVORO

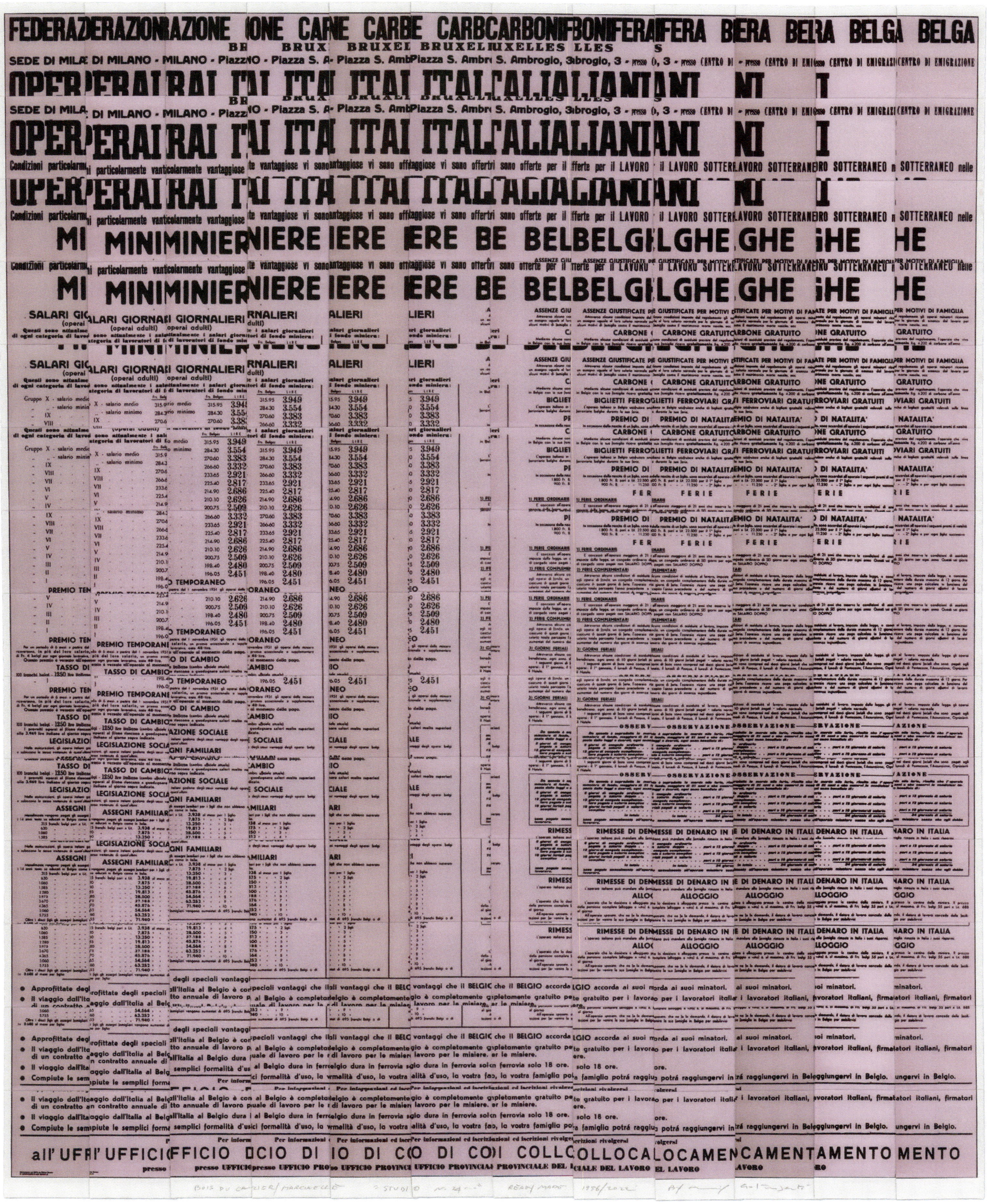
FEDERAZIONE CARBONIFERA BELGA
SEDE DI MILANO - Piazza S. Ambrogio, 3 - presso CENTRO DI EMIGRAZIONE
OPERAI ITALIANI
Condizioni particolarmente vantaggiose vi sono offerte per il LAVORO SOTTERRANEO nelle
MINIERE BELGHE
SALARI GIORNALIERI
CARBONE GRATUITO
BIGLIETTI FERROVIARI GRATUITI
PREMIO DI NATALITA'
TASSO DI CAMBIO
LEGISLAZIONE SOCIALE
ASSEGNI FAMILIARI
OSSERVAZIONE
RIMESSE DI DENARO IN ITALIA
ALLOGGIO
all'UFFICIO DI COLLOCAMENTO
1956/2022

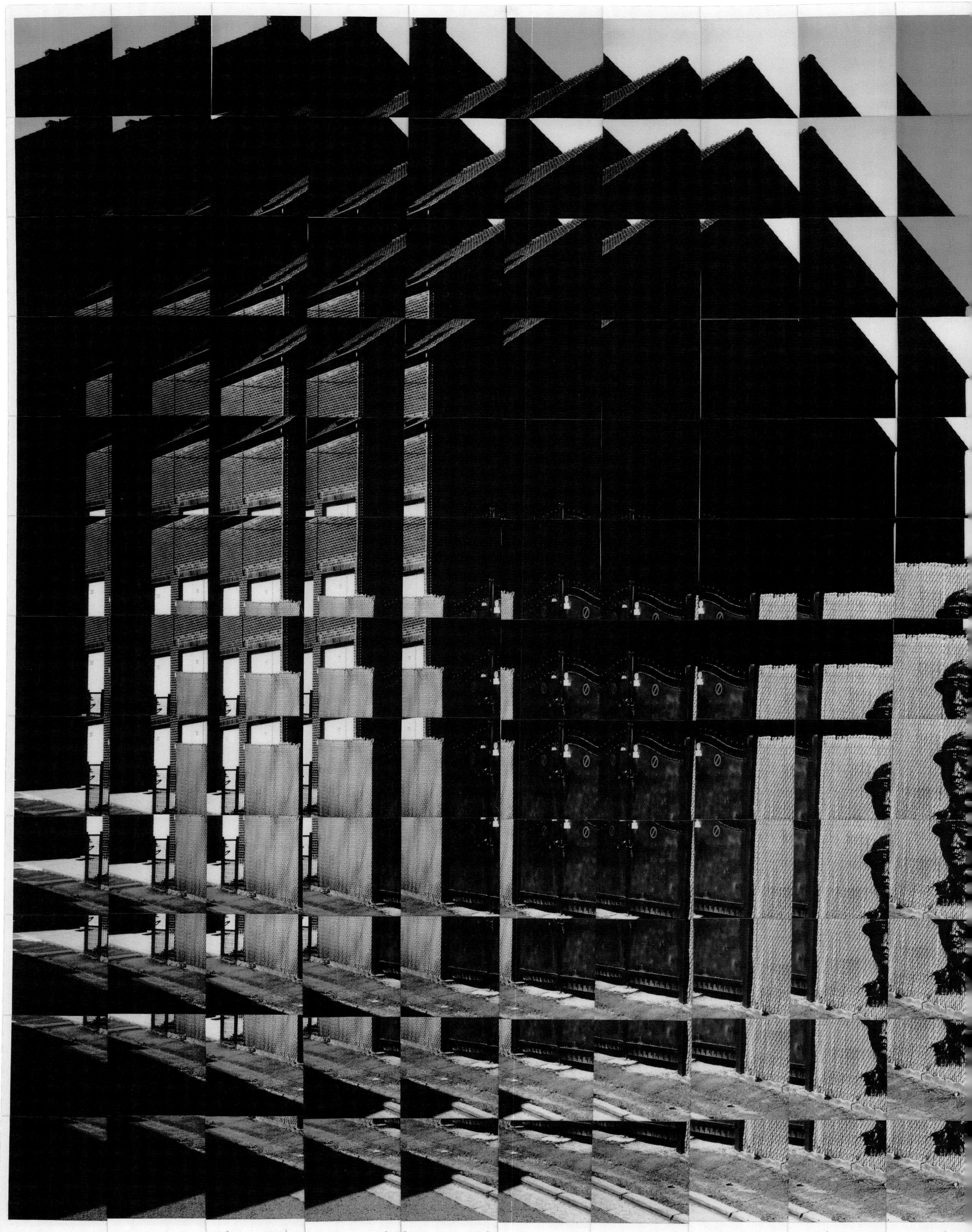
BOIS DU CAZIER / MARCINELLE - CHARLEROI 8.8.2022 "STUDIO N.14"

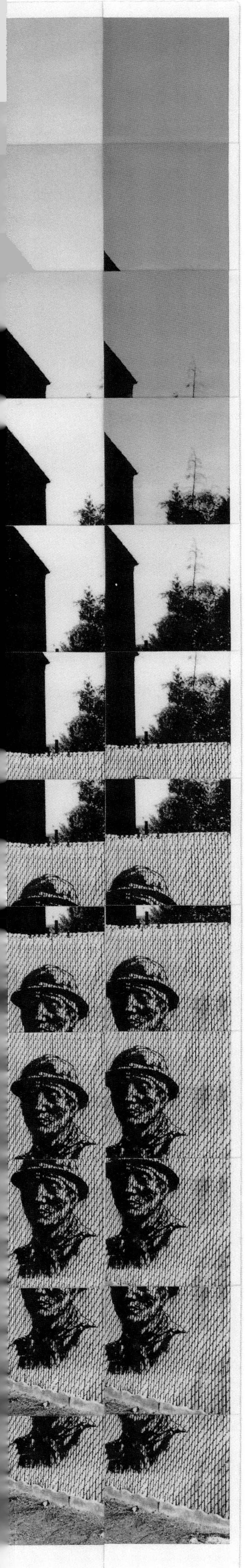

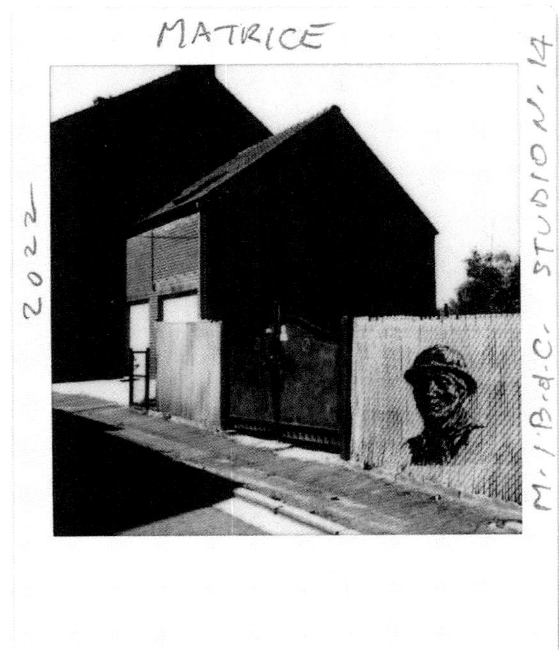
MATRICE
2022
M.I.B.A.C. STUDIO N.14

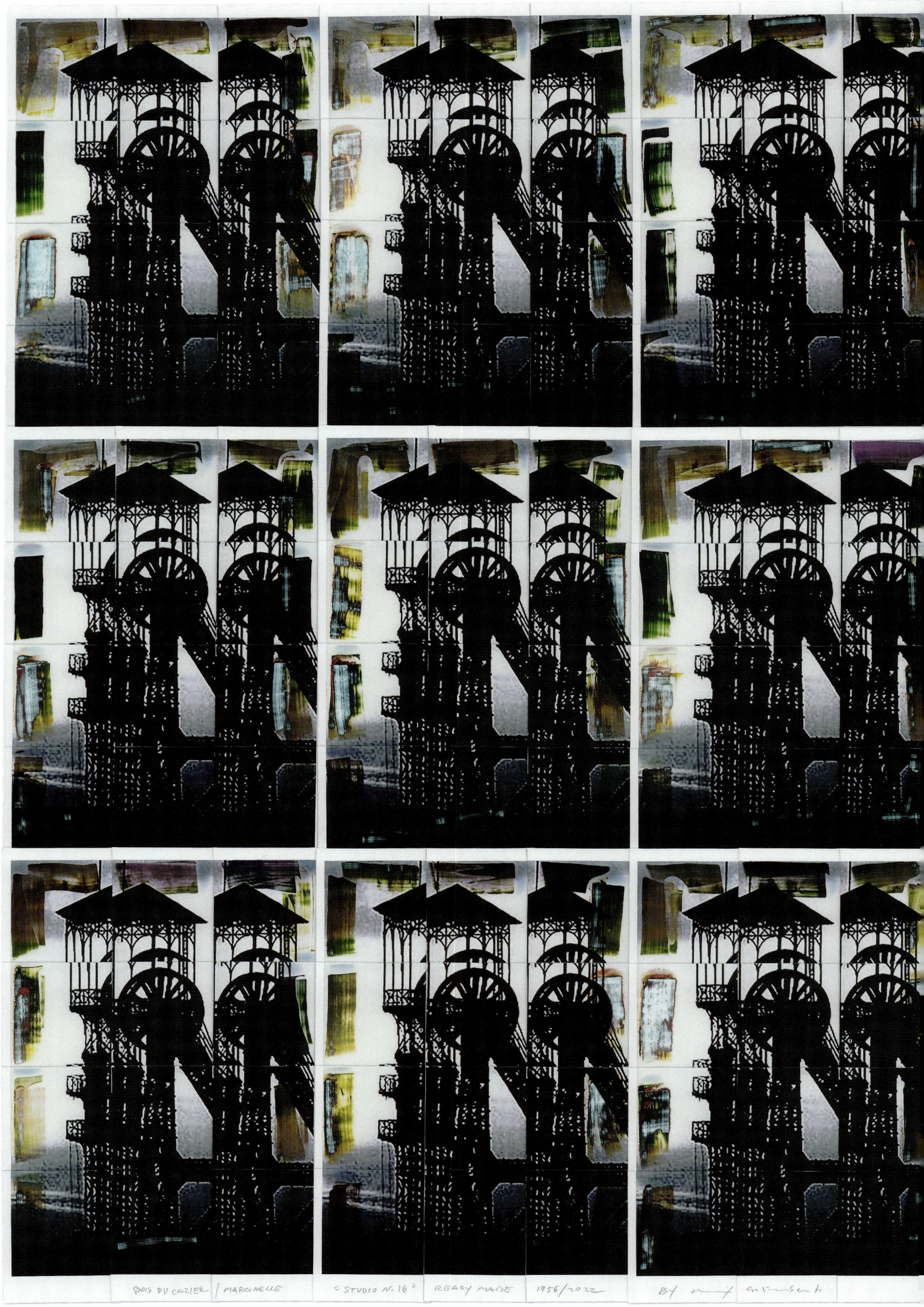
BOIS DU CAZIER / MARCINELLE
"STUDIO N. 16"
READY MADE
1956/2022

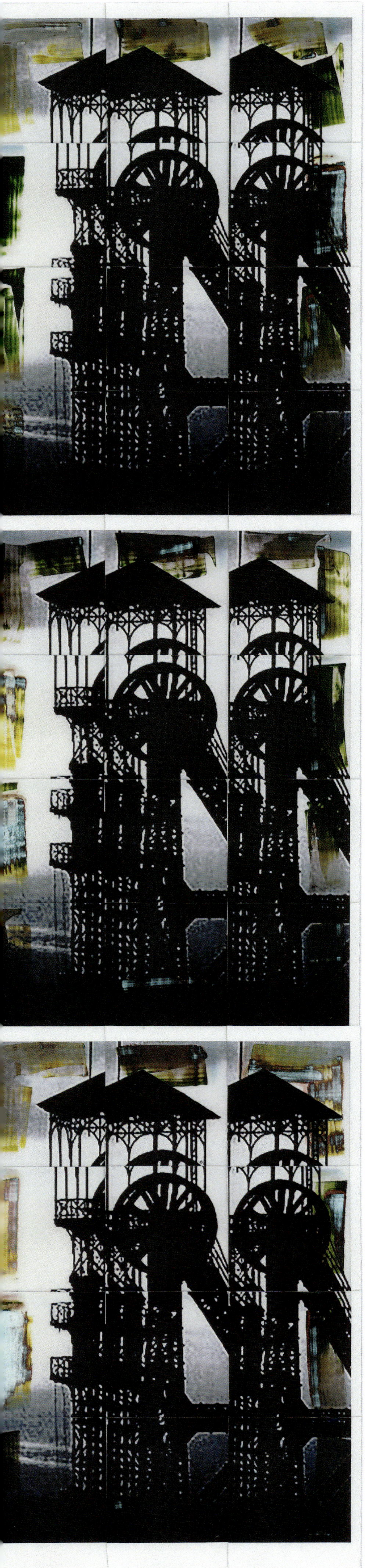

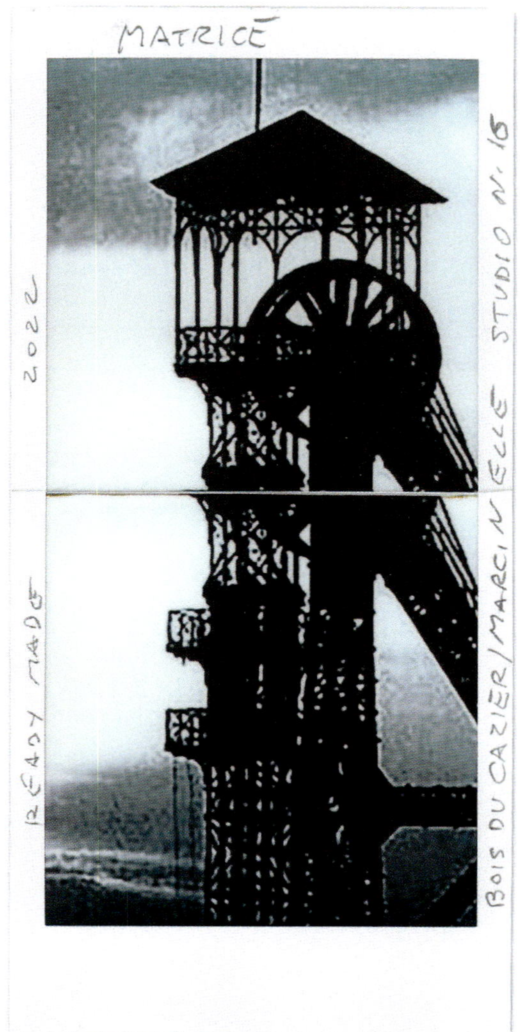
MATRICE
READY MADE 2022
BOIS DU CAZIER/MARCINELLE STUDIO N. 15

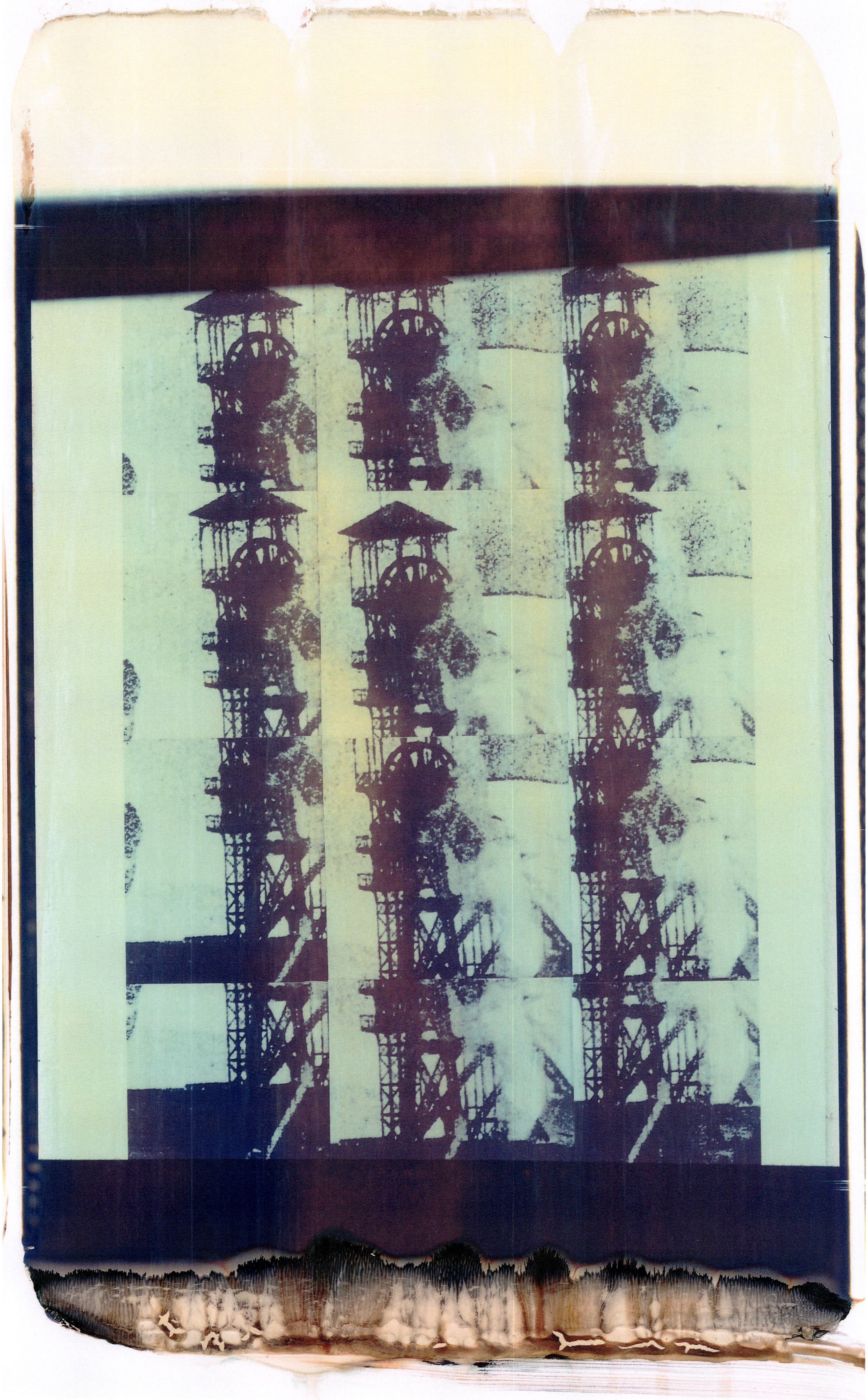

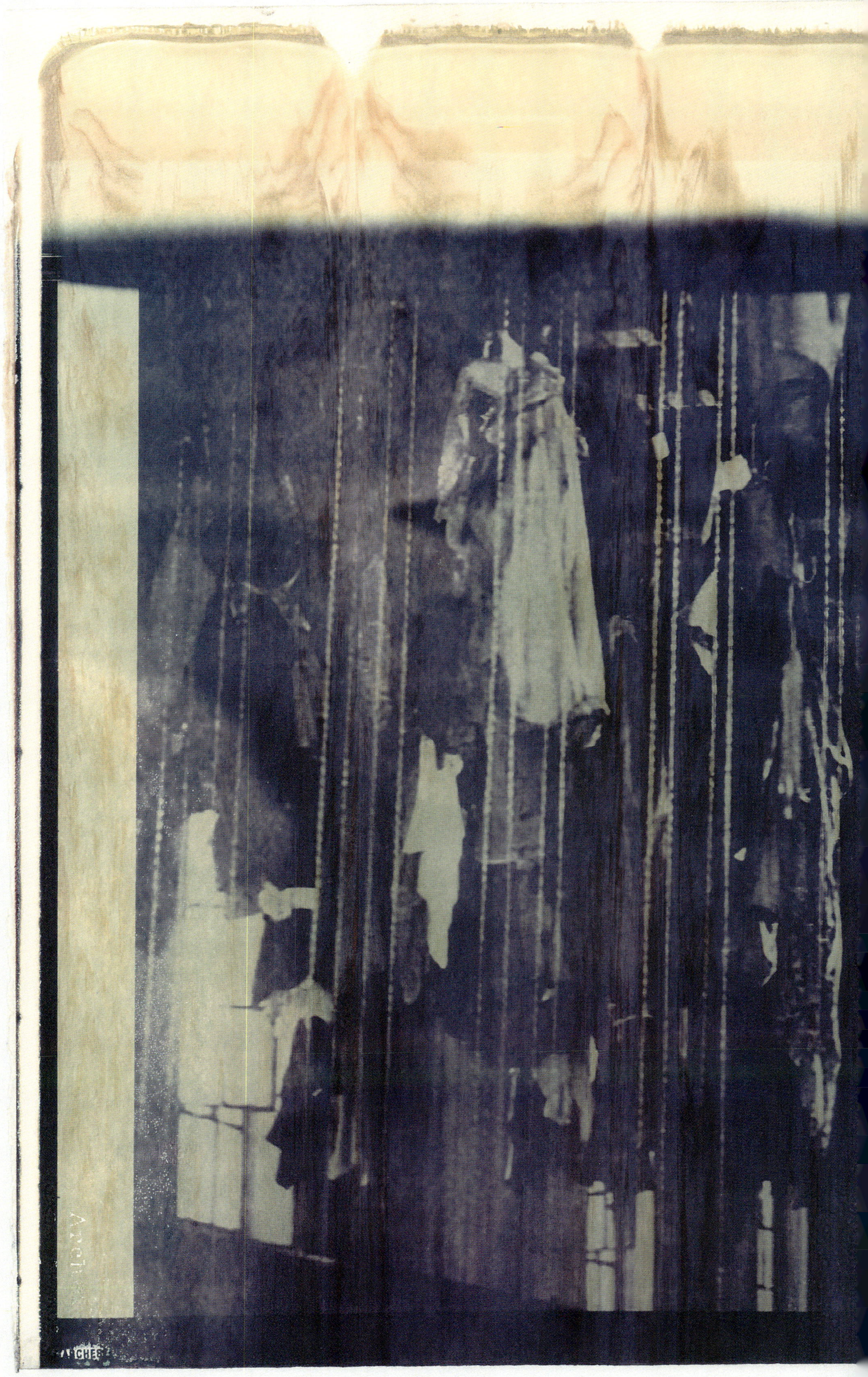

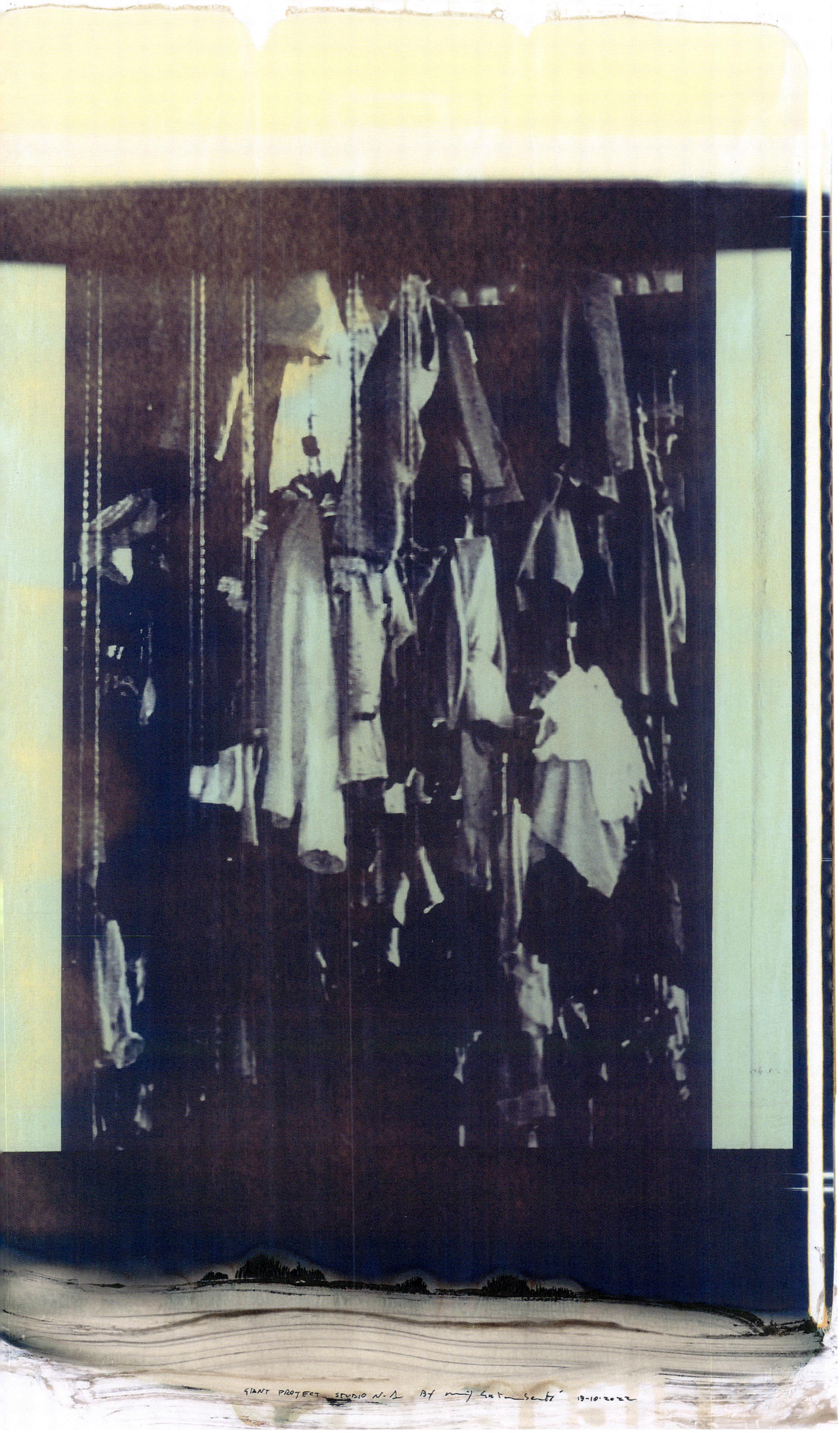
GIANT PROJECT STUDIO N. 1 BY
13-10-2022

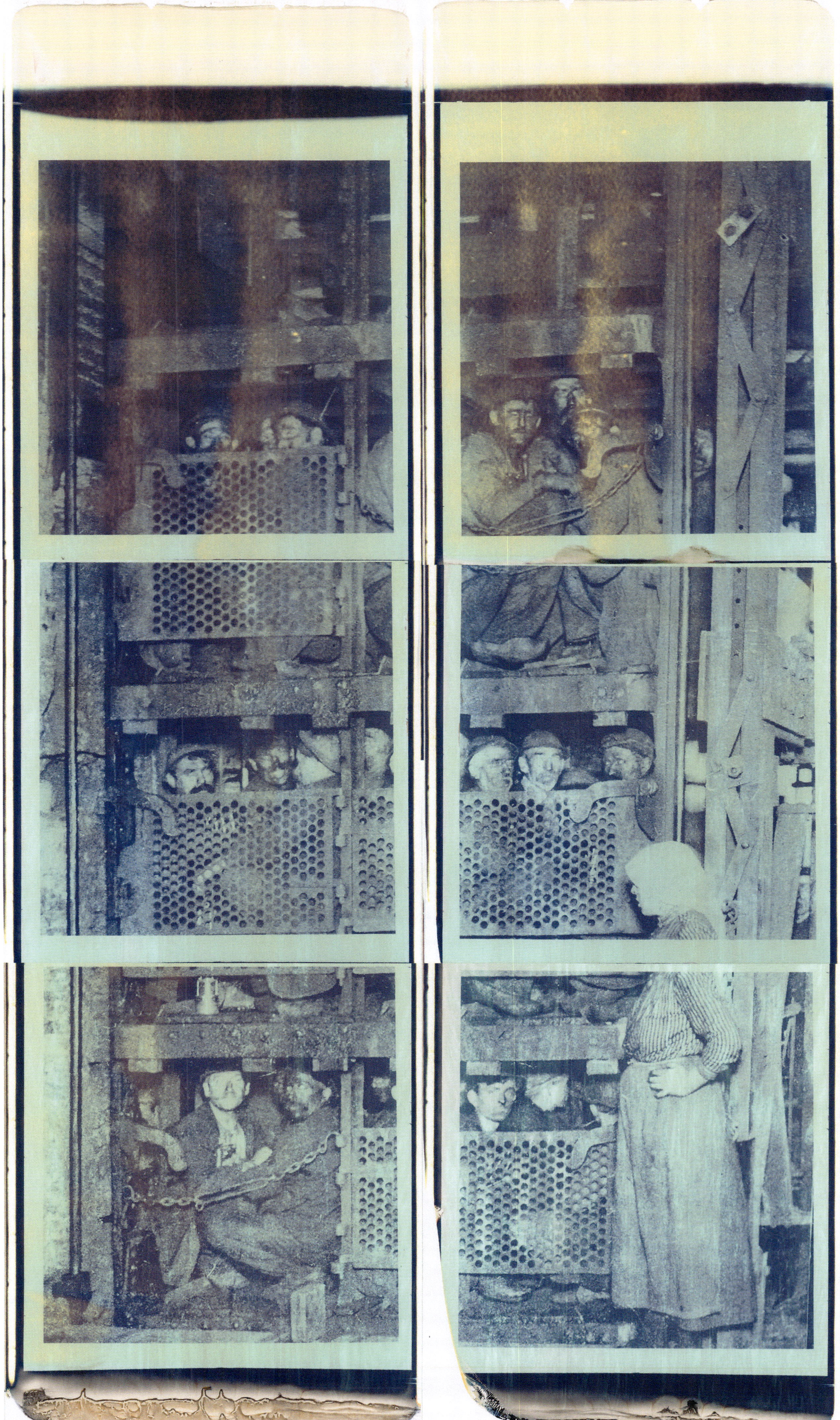

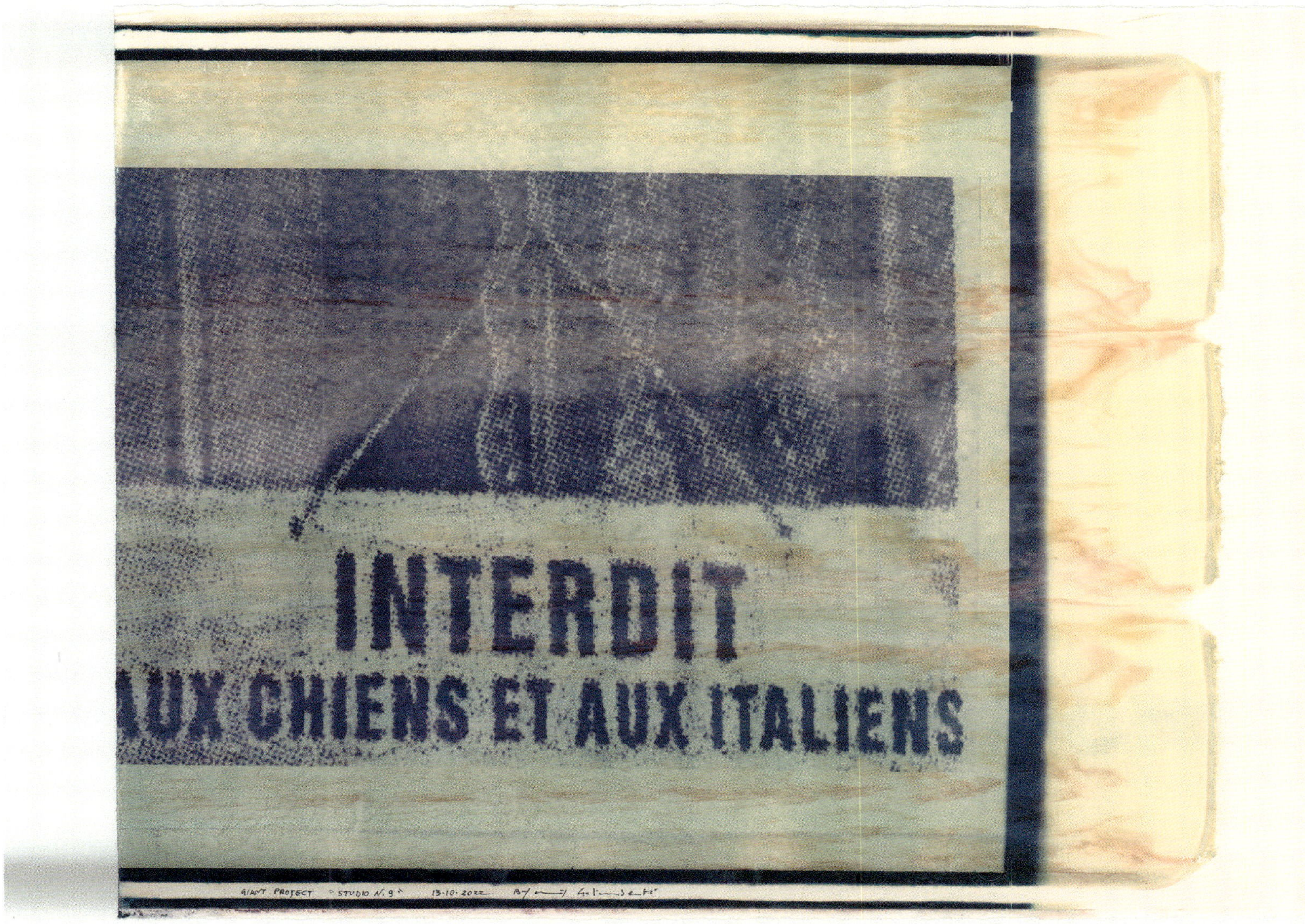
INTERDIT
AUX CHIENS ET AUX ITALIENS

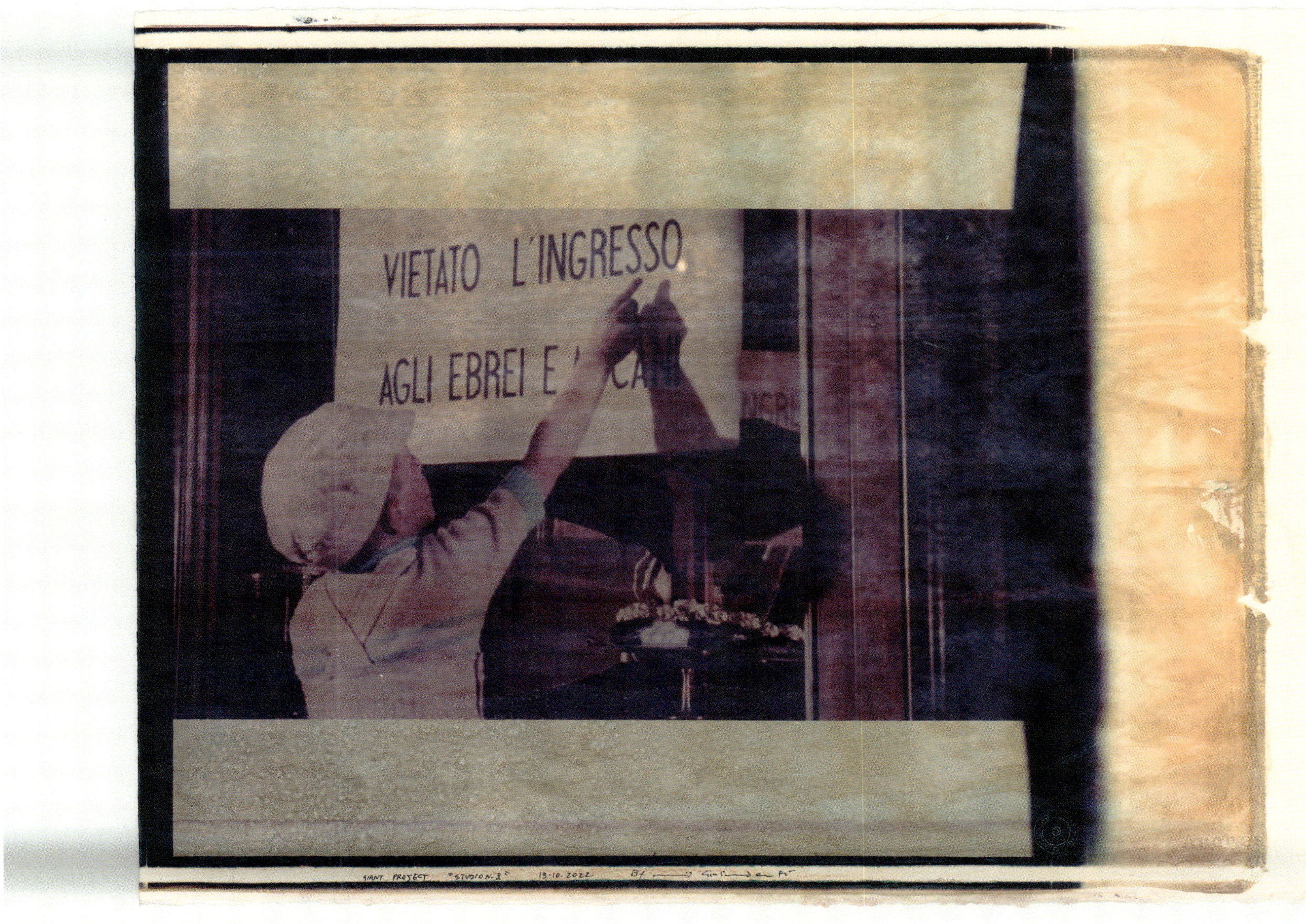
VIETATO L'INGRESSO
AGLI EBREI E

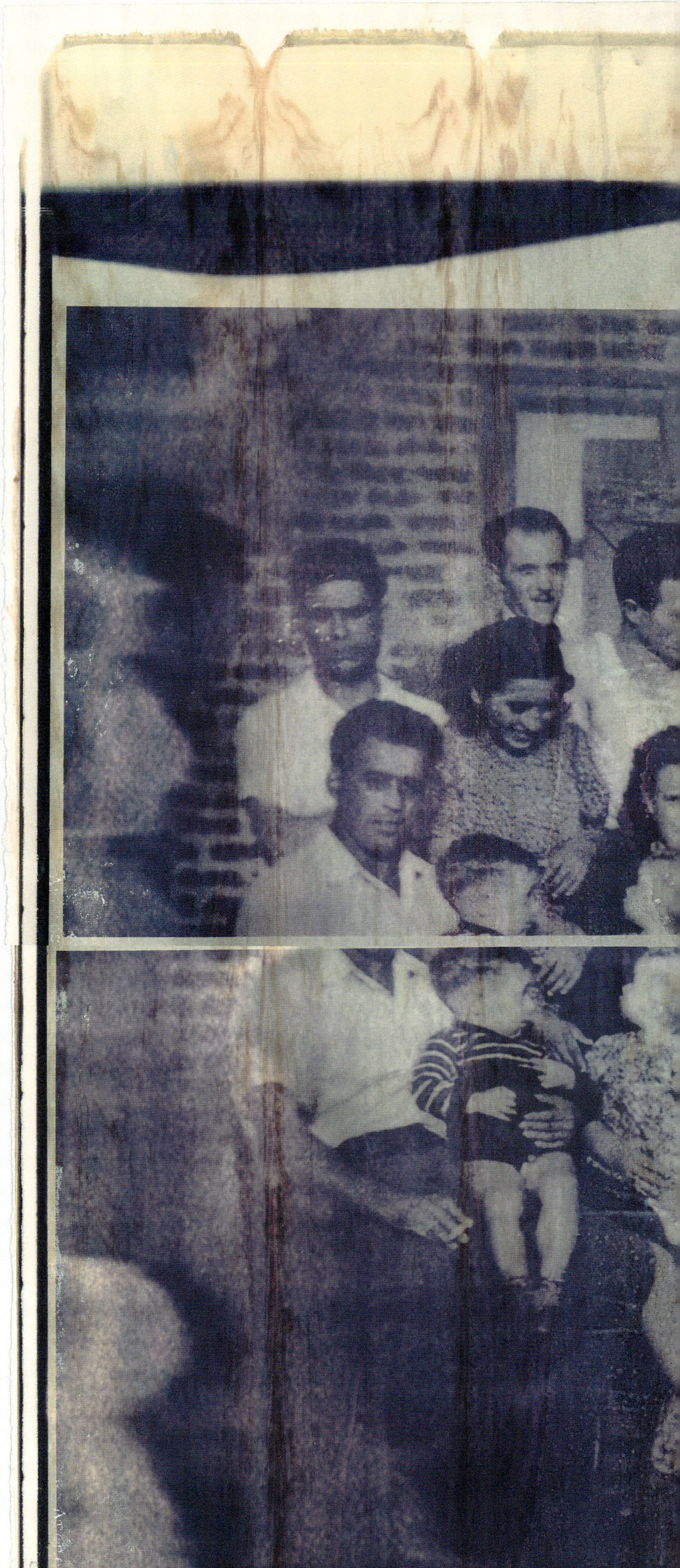

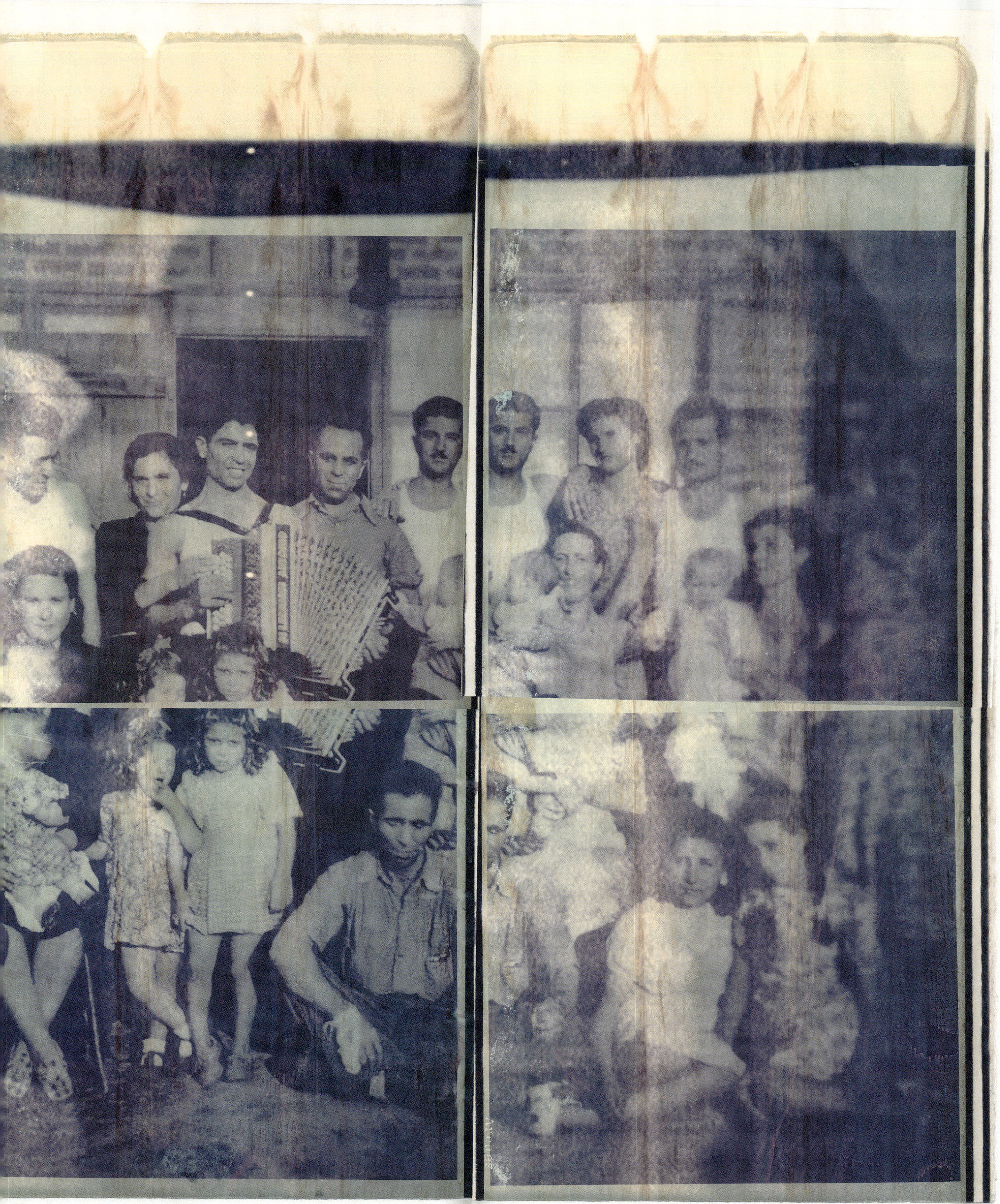

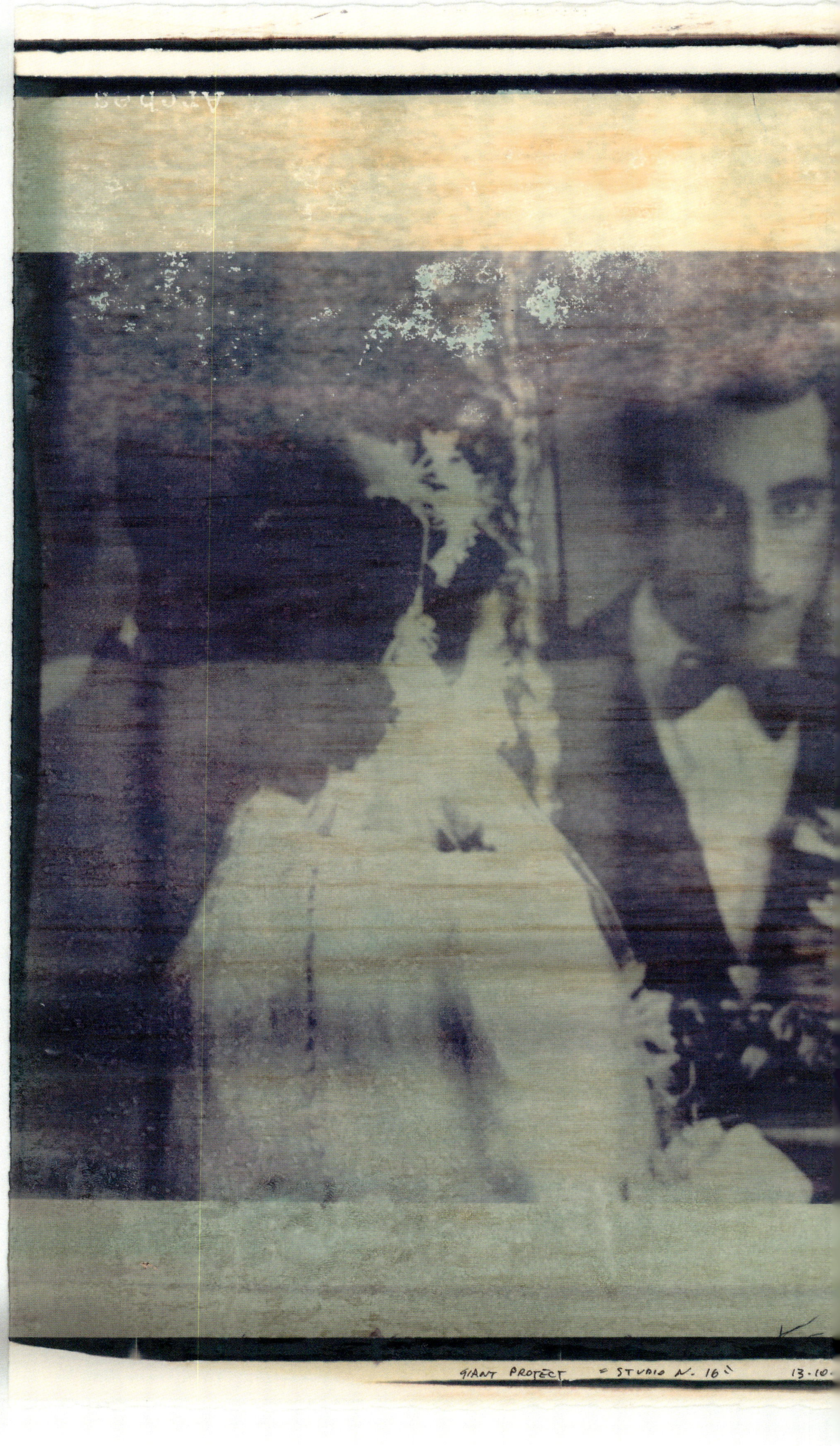

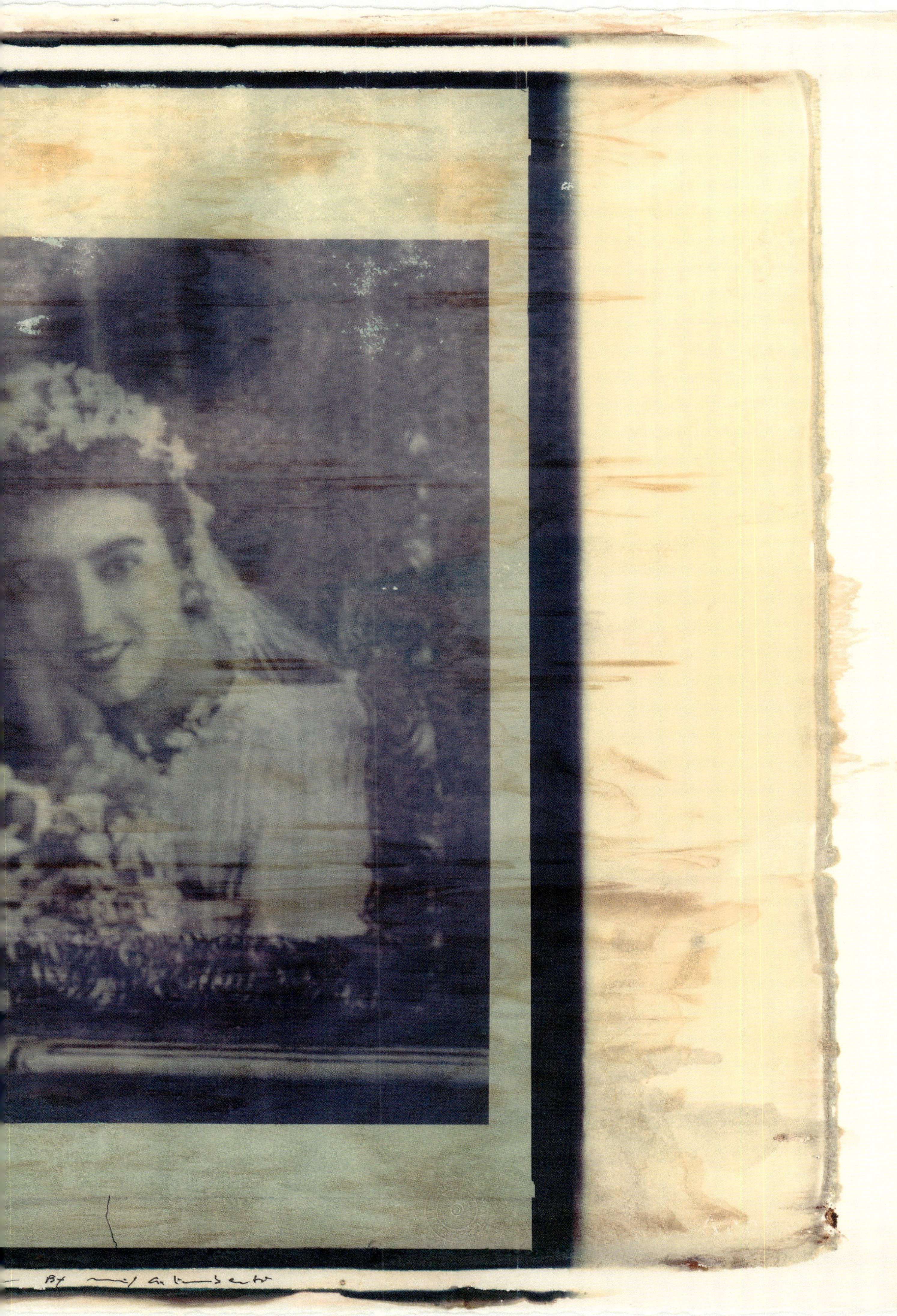

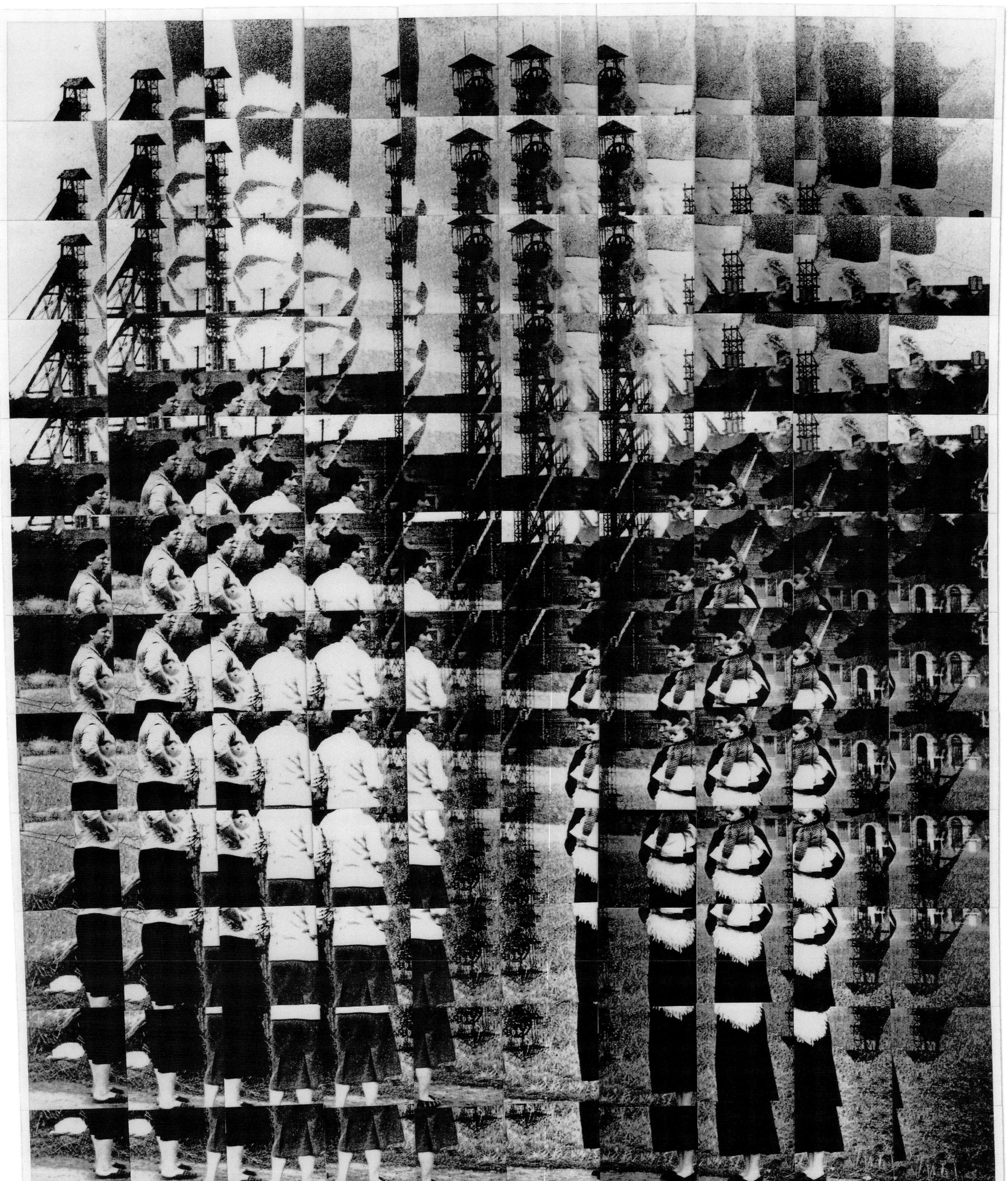
CHARLEROI
BOIS DU CAZIER | MARCINELLE
"STUDIO N. 12"
READY MADE 1956/2022 11 OTTOBRE
BY

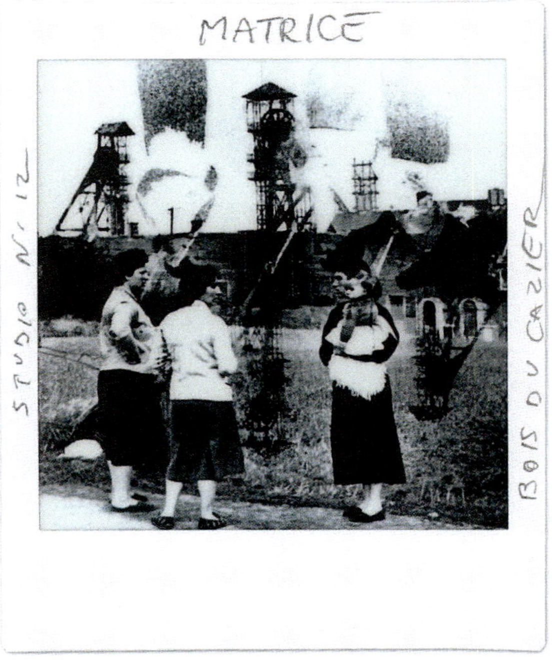
MATRICE
STUDIO N. 12
BOIS DU CAZIER

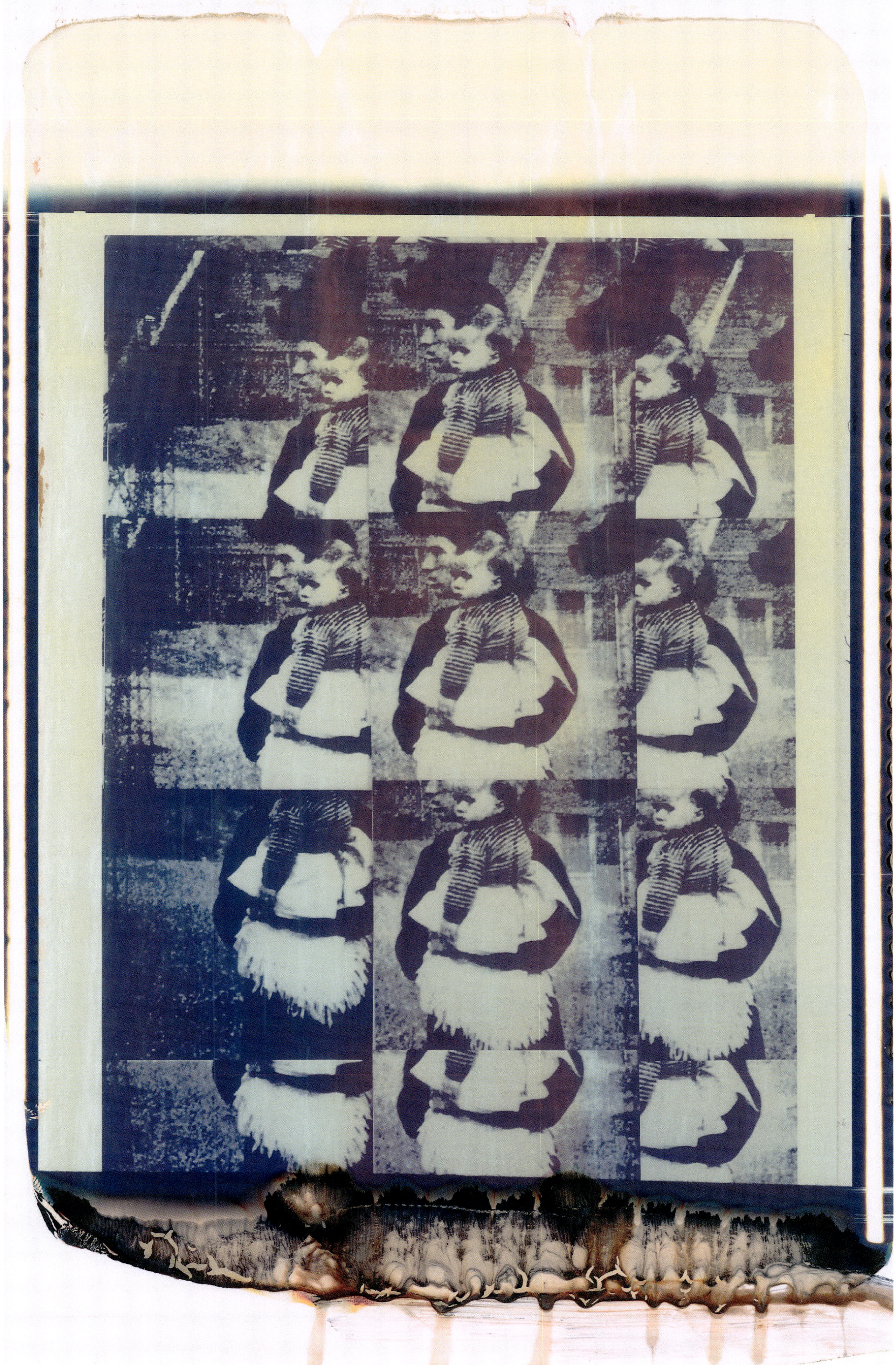

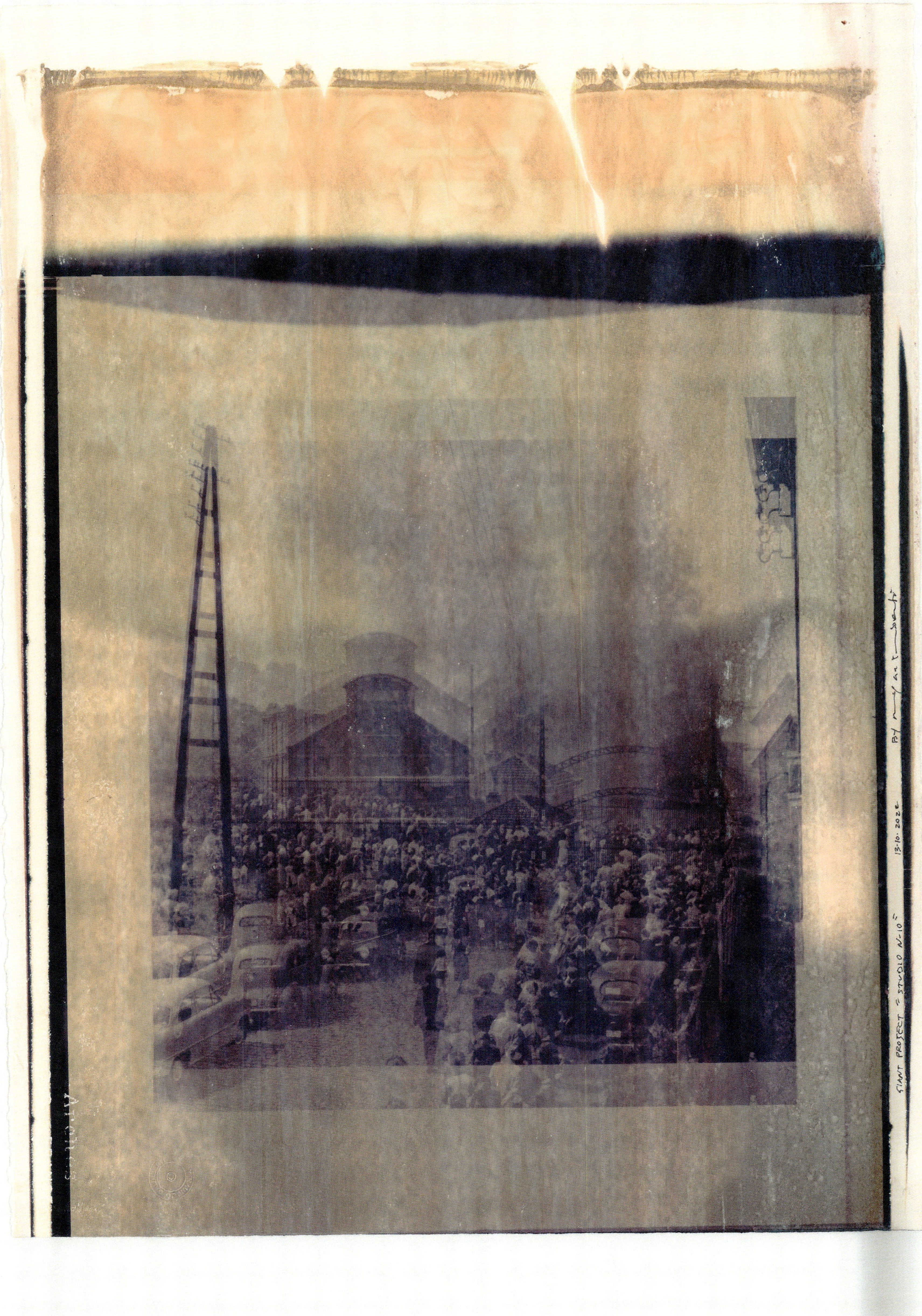
GIANT PROJECT = "STUDIO N-10" 13.10.2022 BY

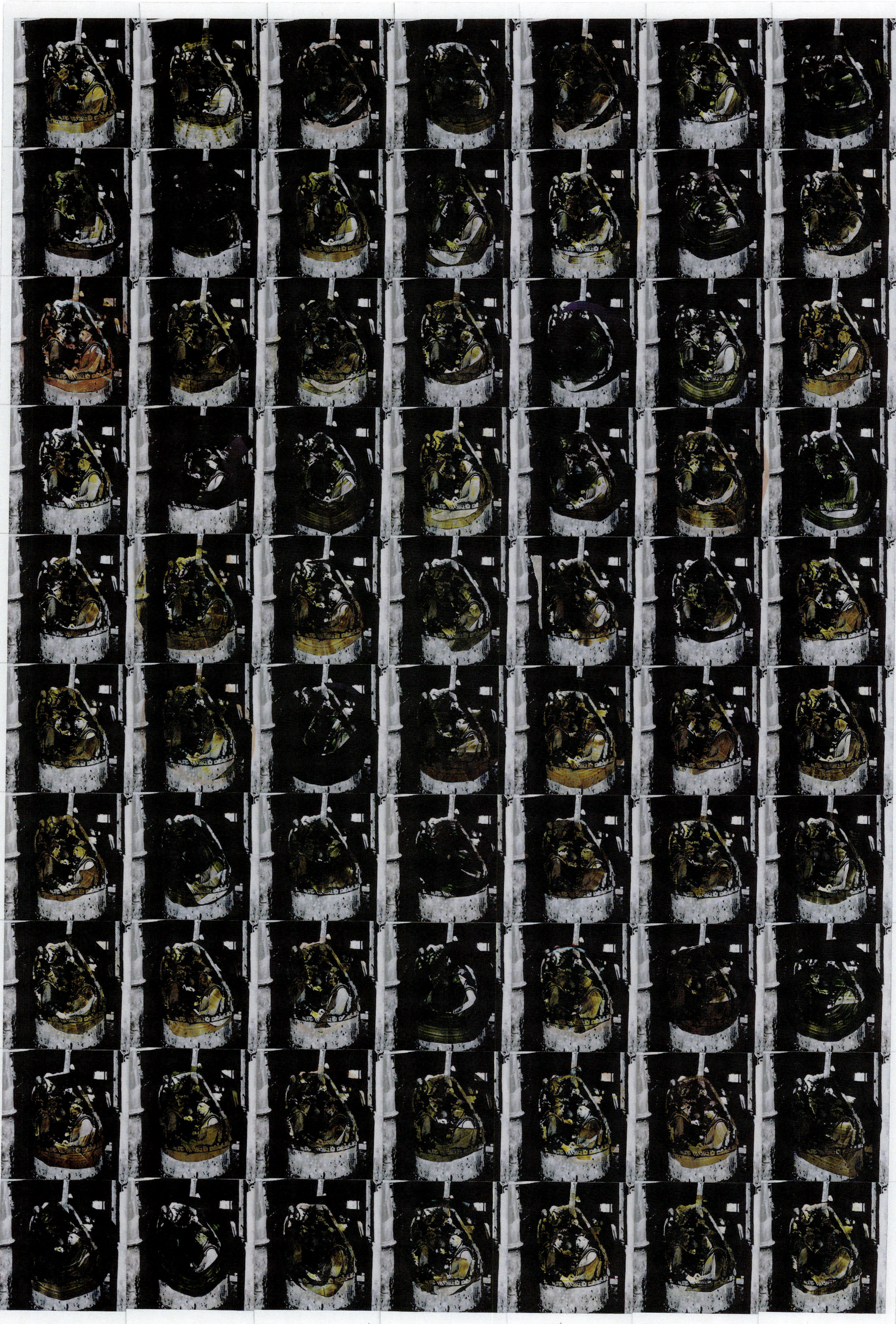

BOIS DU CAZIER MARCINELLE "STUDIO N. 20" READY MADE 1956/2022

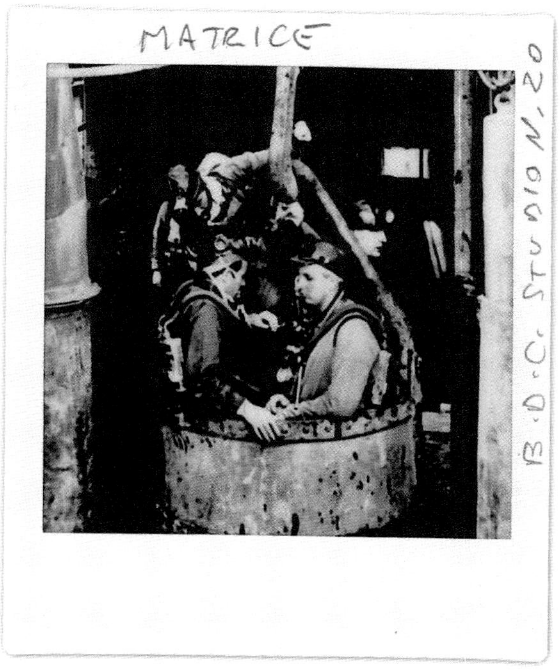
MATRICE
B.D.C. STUDIO N. 20

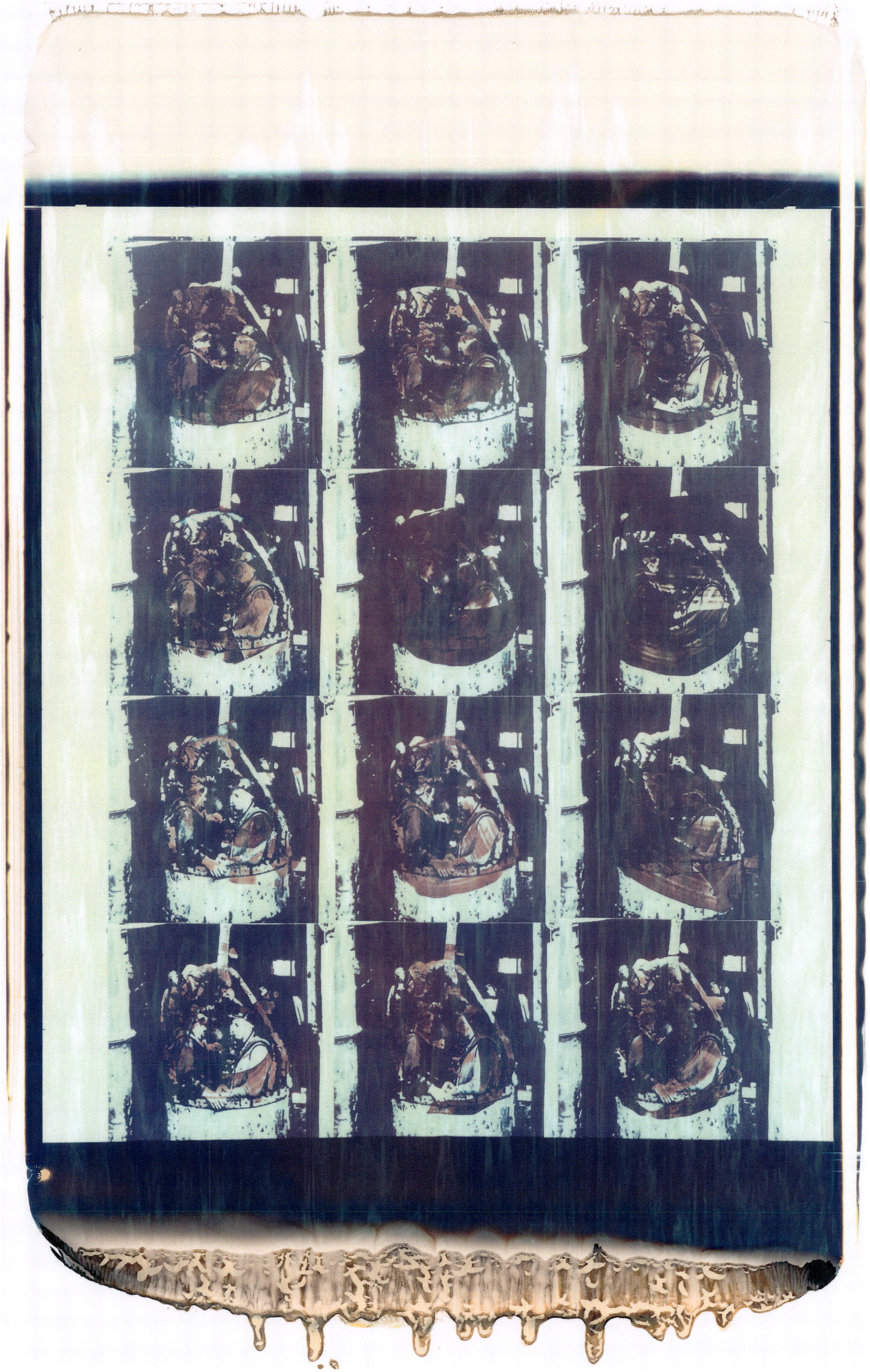

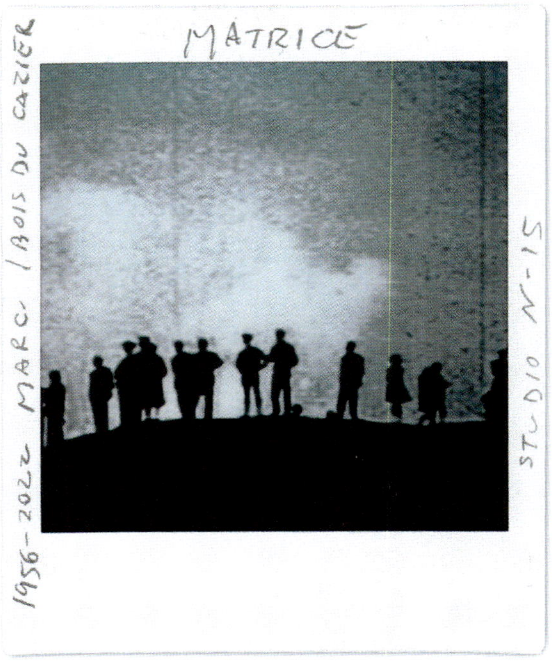
MATRICE
1956-2022 MARCI / BOIS DU CAZIER
STUDIO N-15

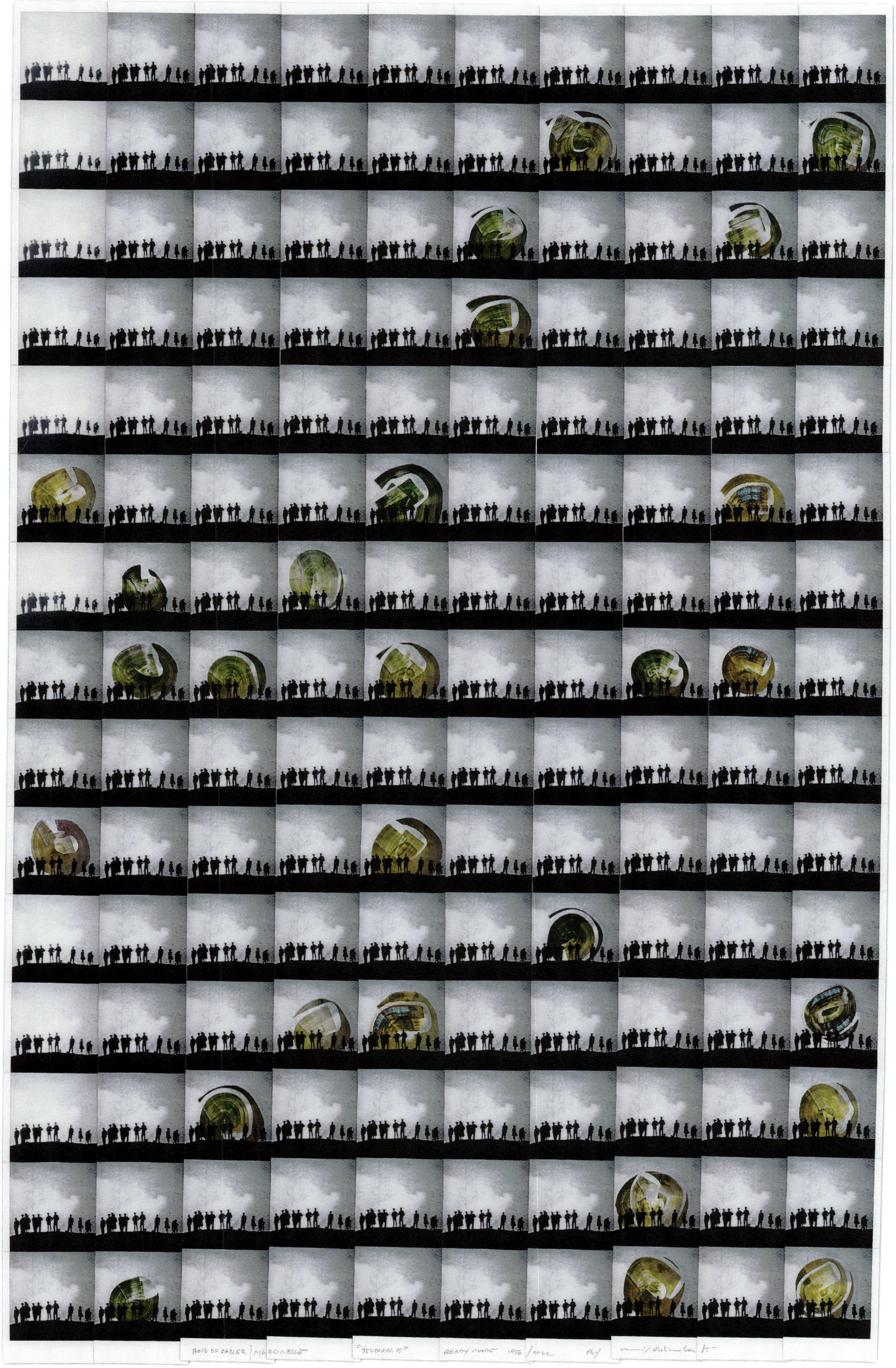

BOIS DU CAZIER | MARCINELLE
"STUDIO N. 15"
READY MADE 1956 / 2022
BY

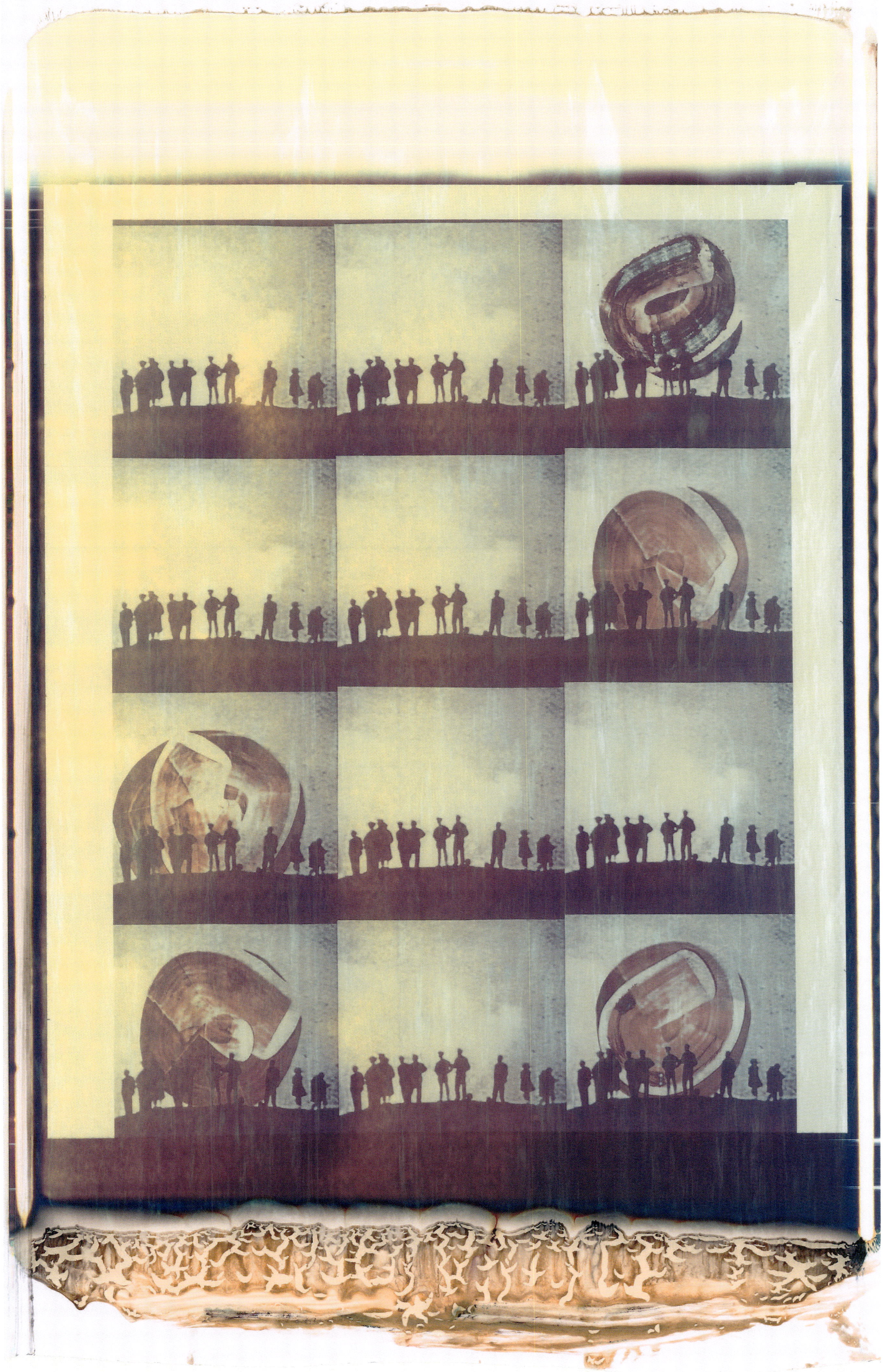

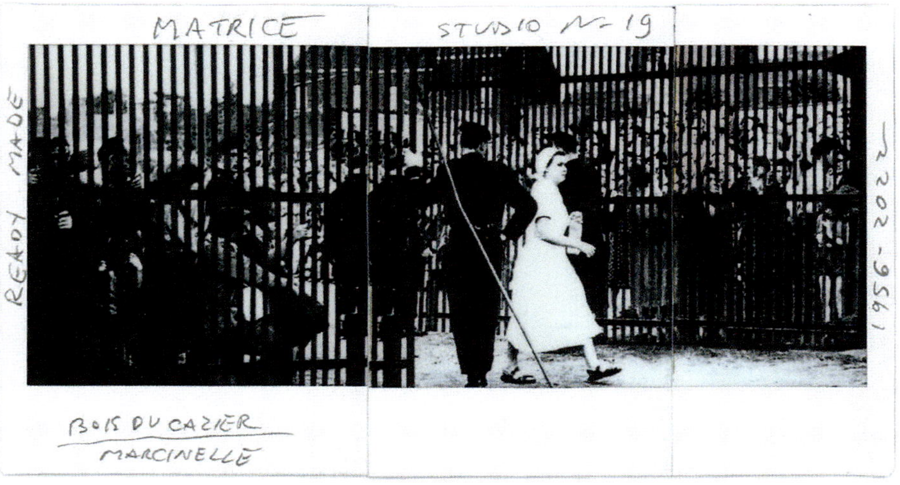
MATRICE
STUDIO N. 19
READY MADE
1956-2022
BOIS DU CAZIER
MARCINELLE

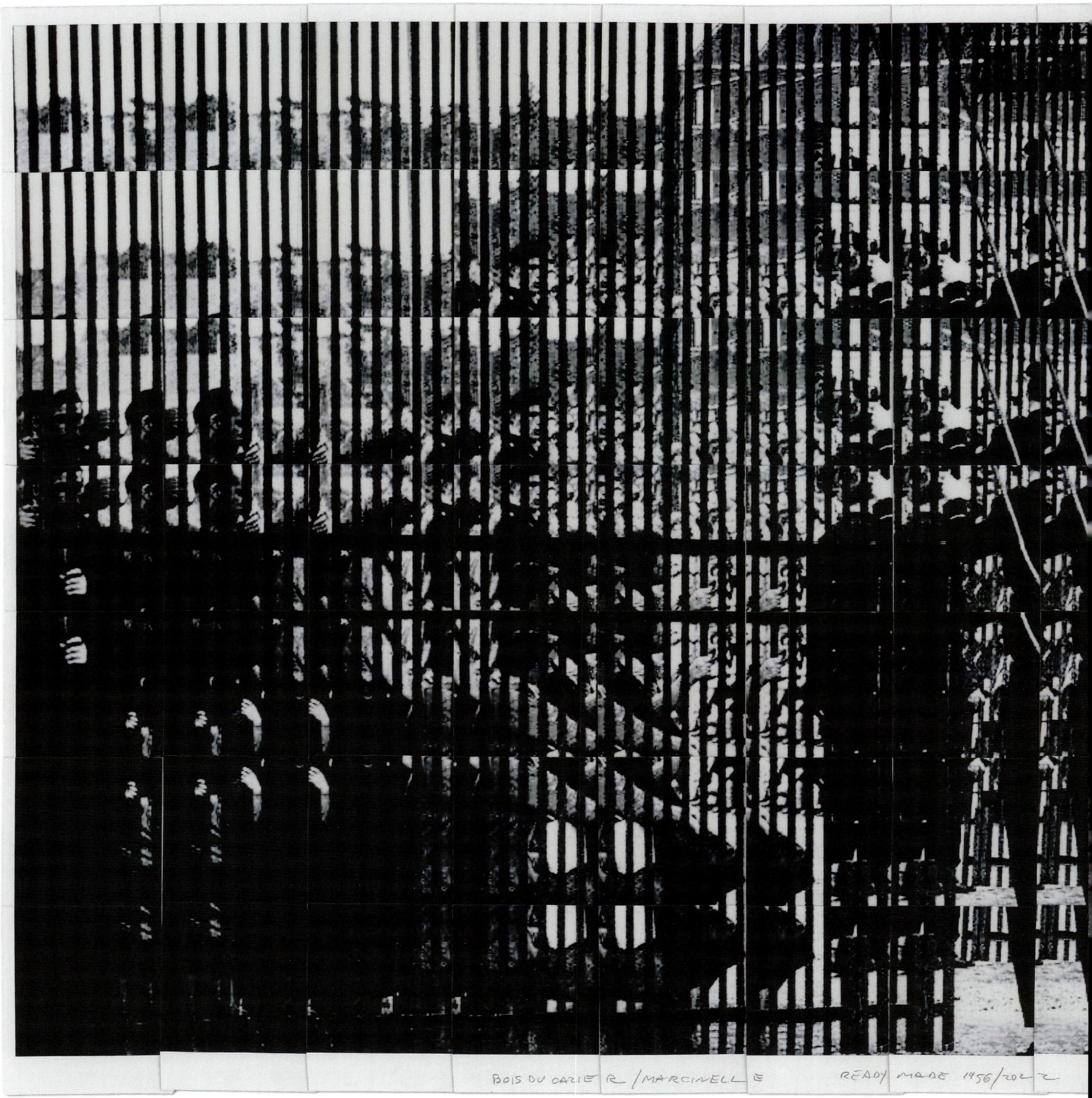
BOIS DU CAZIER / MARCINELLE
READY MADE 1956/2022

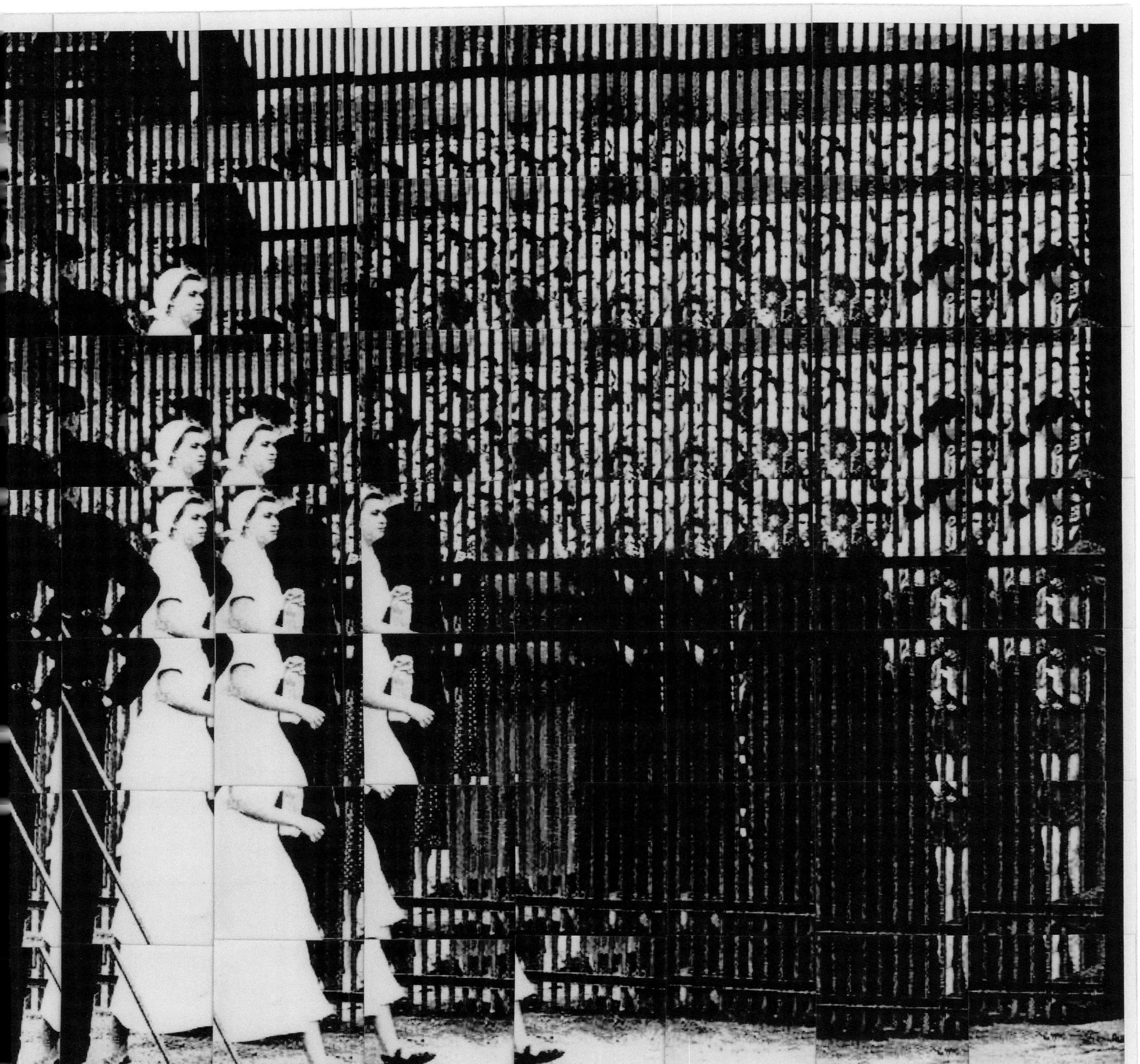
"STUDIO Nr 19"

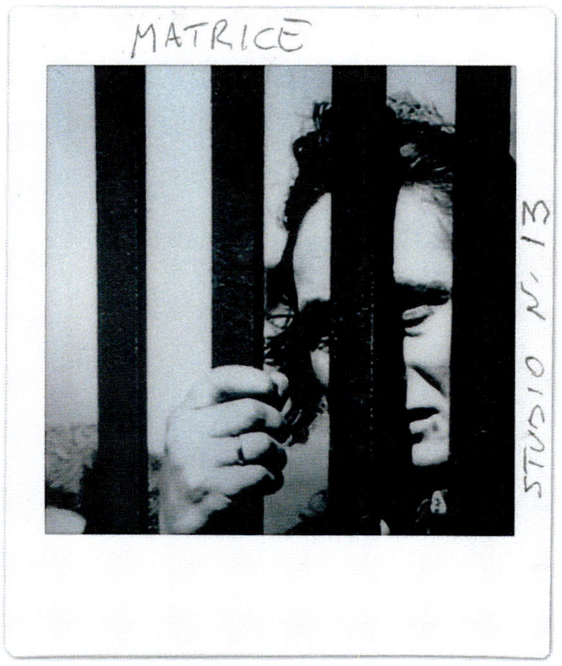
MATRICE
STUDIO N. 13

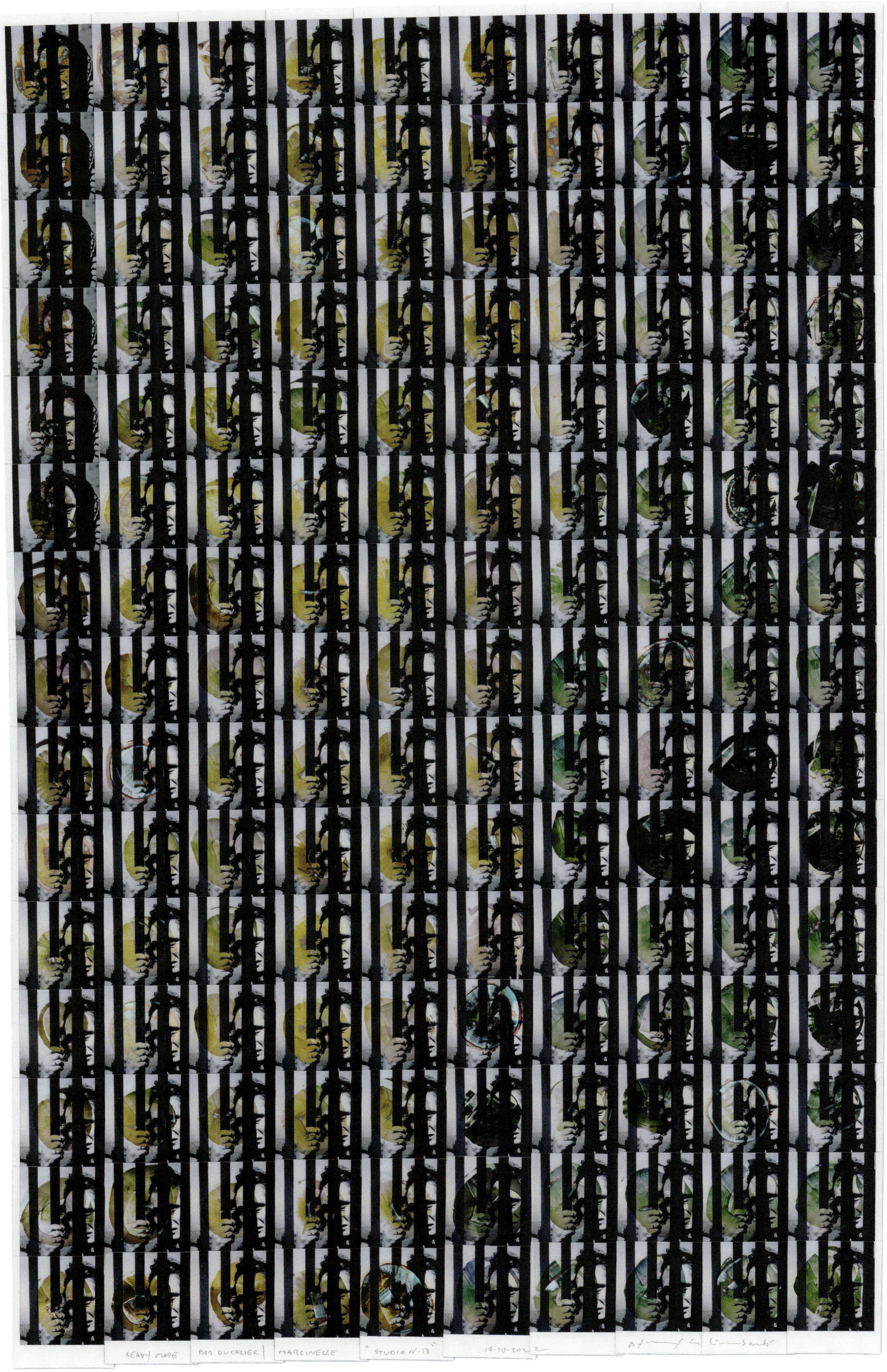
READY MADE
BOIS DU CAZIER
MARCINELLE
"STUDIO N.13"
14-10-2022

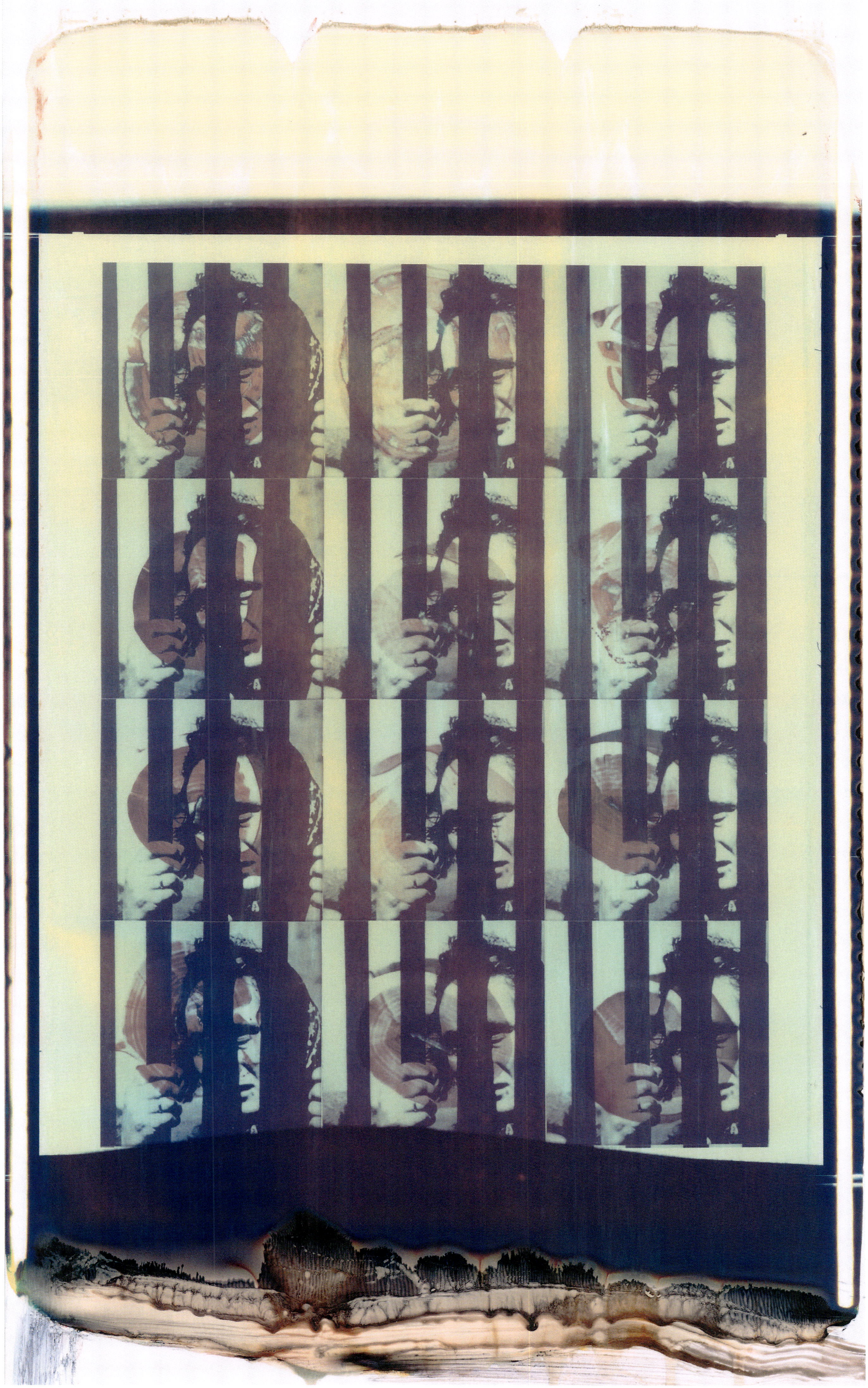

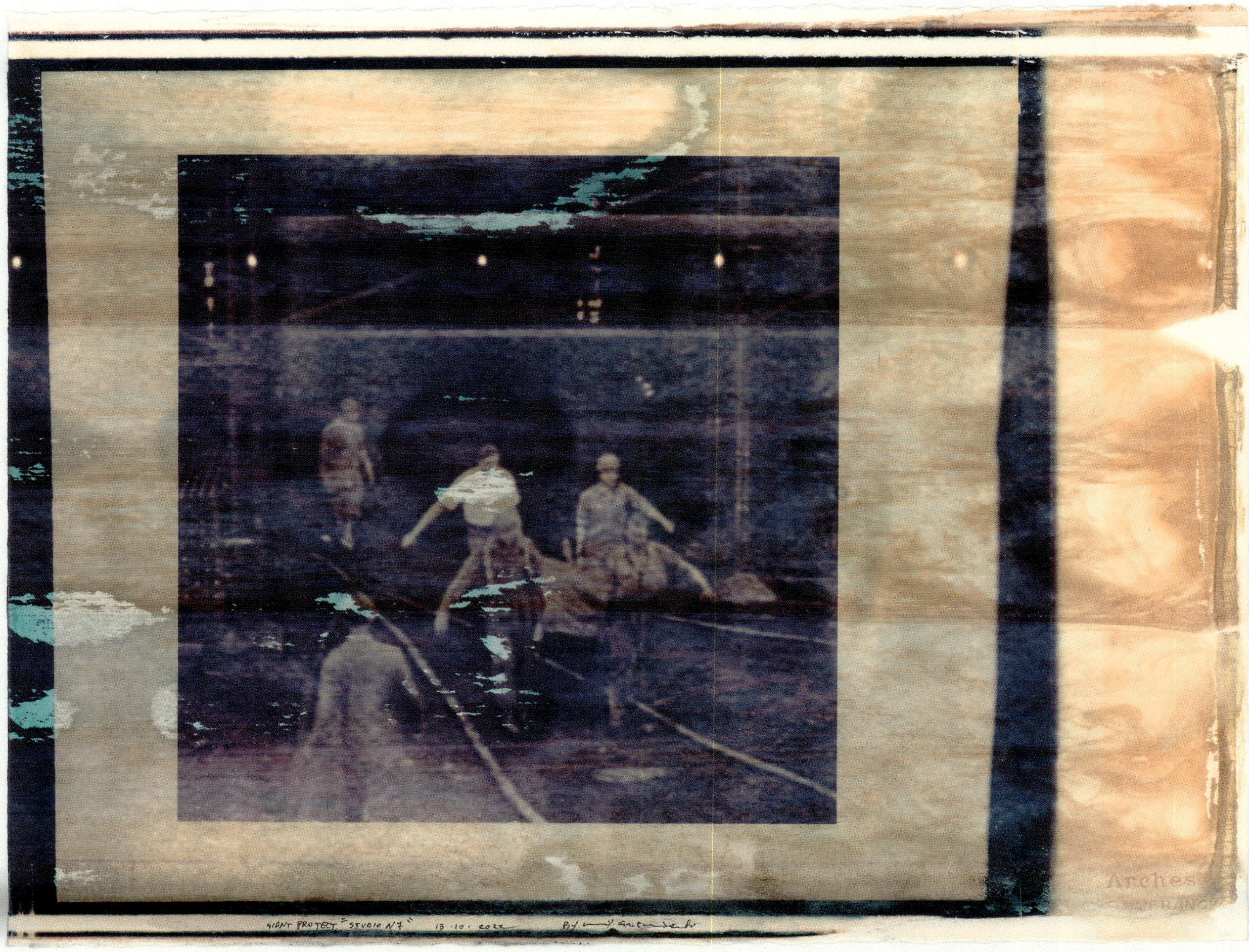
GIANT PROJECT "STUDIO N7" 13·10·2022
Arches

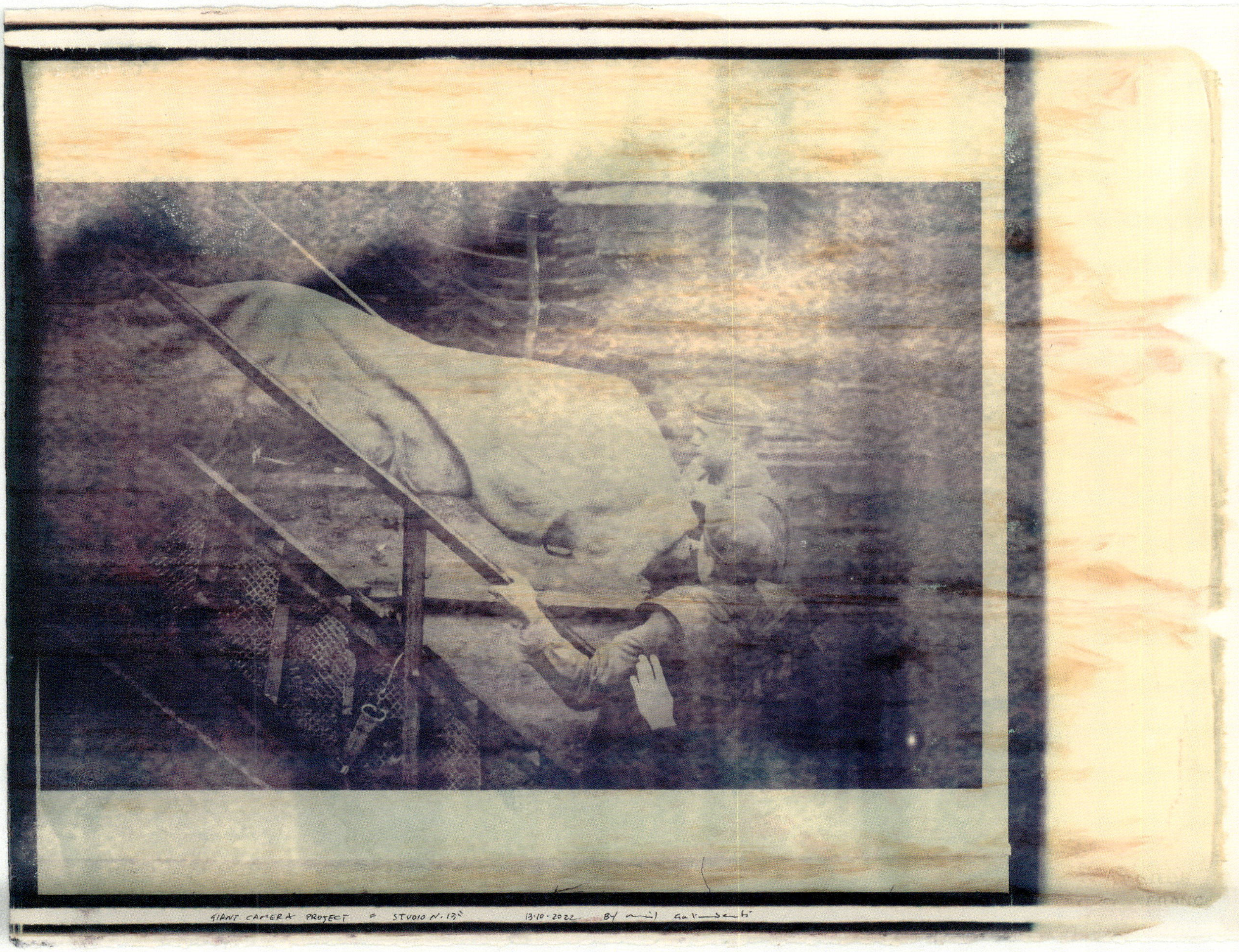
GIANT CAMERA PROJECT = STUDIO N.13
13-10-2022 BY

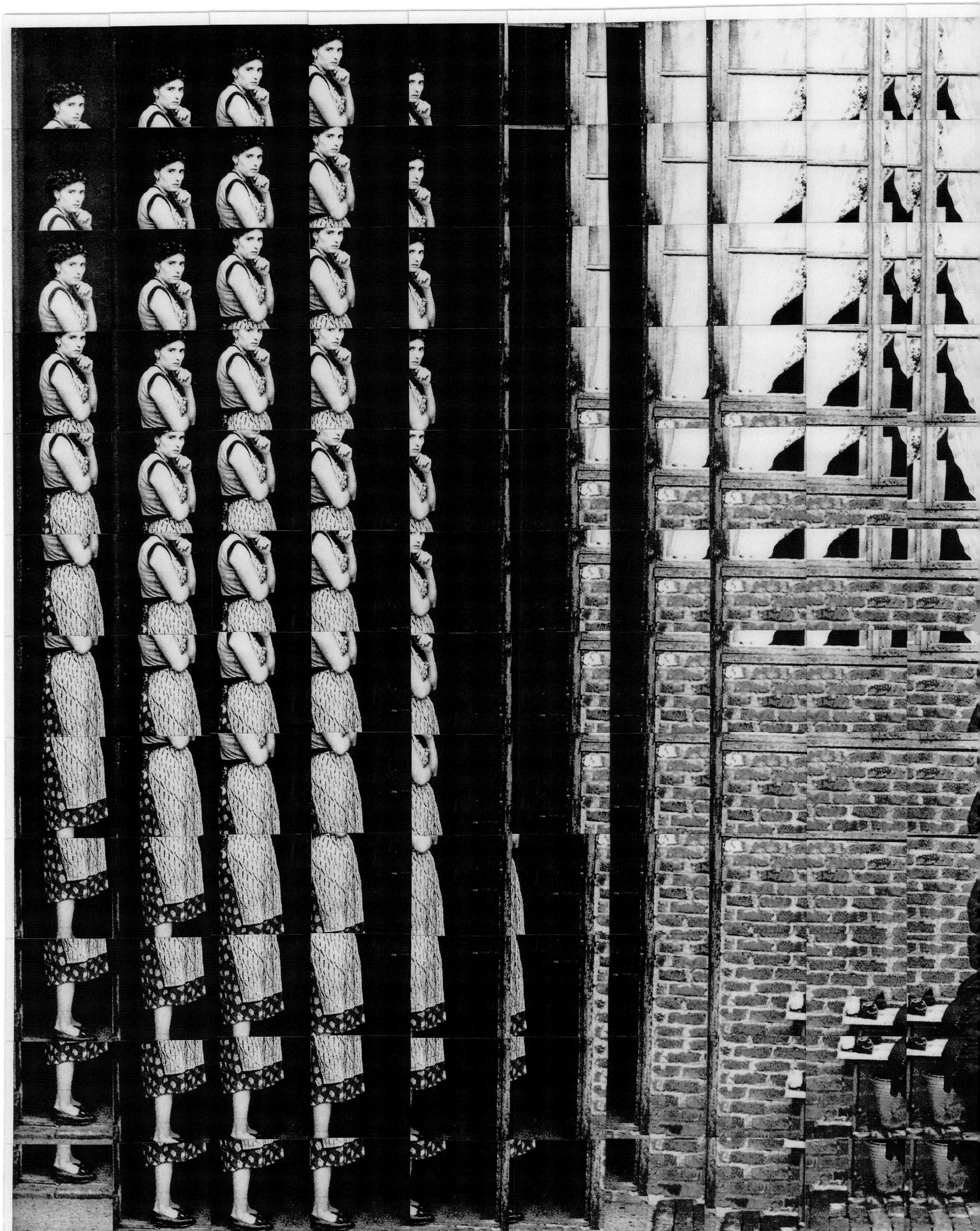
28
BOIS DU CAZIER / MARCINELLE
8/1956
READY MADE
2022
"STUDIO N1 10"

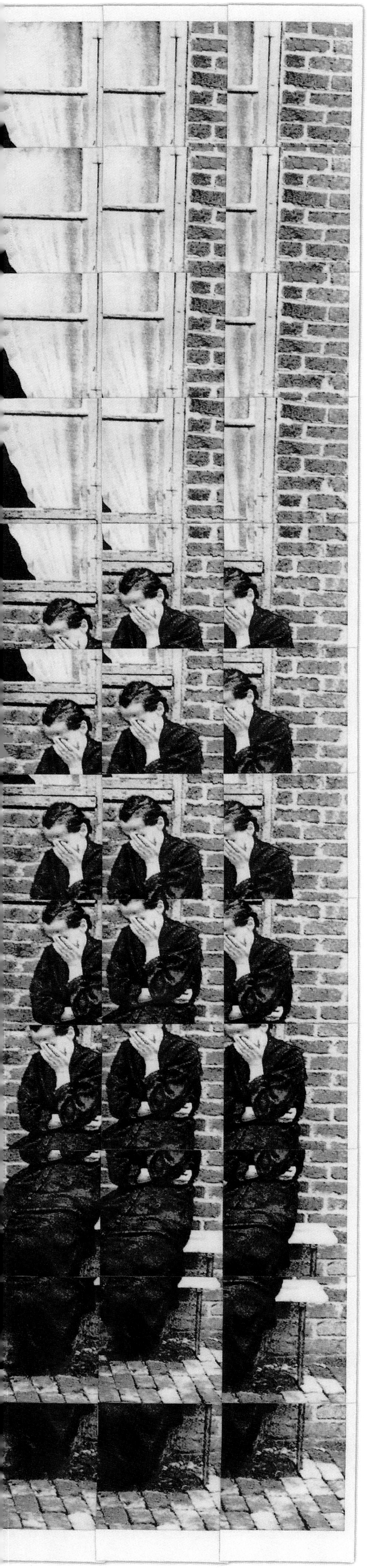

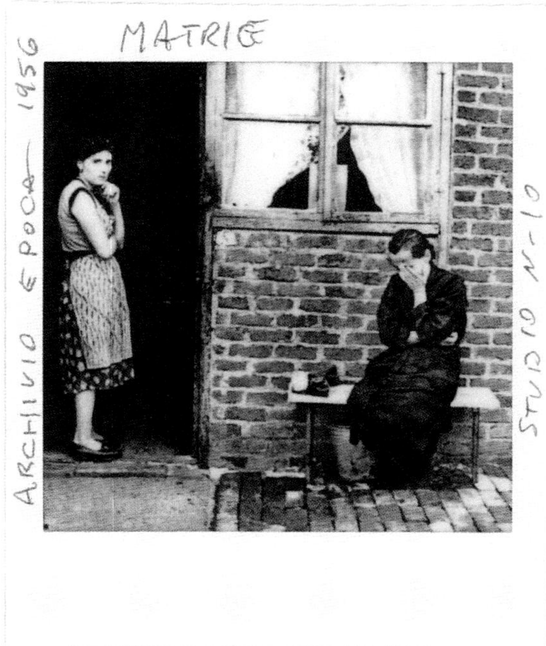
MATRICE
ARCHIVIO EPOCA 1956
STUDIO N-10

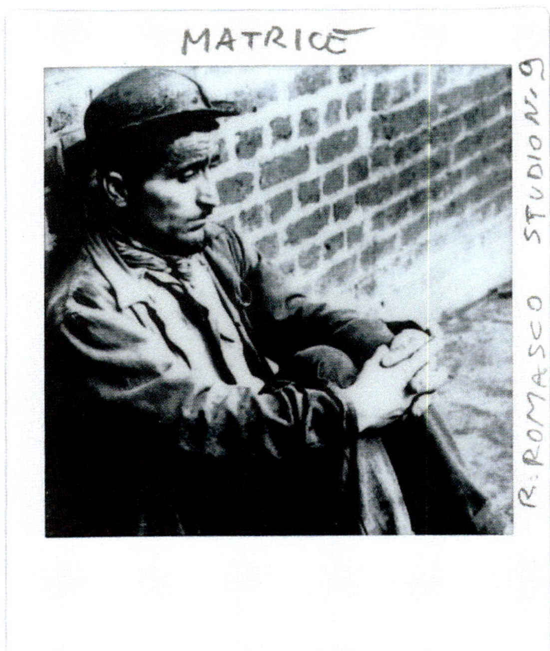
MATRICE
R. ROMASCO STUDIO N. 9

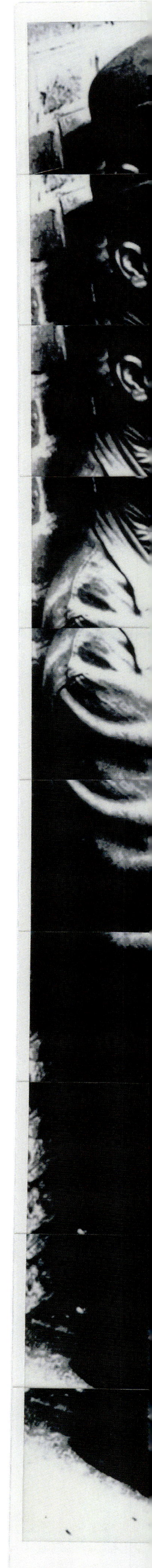

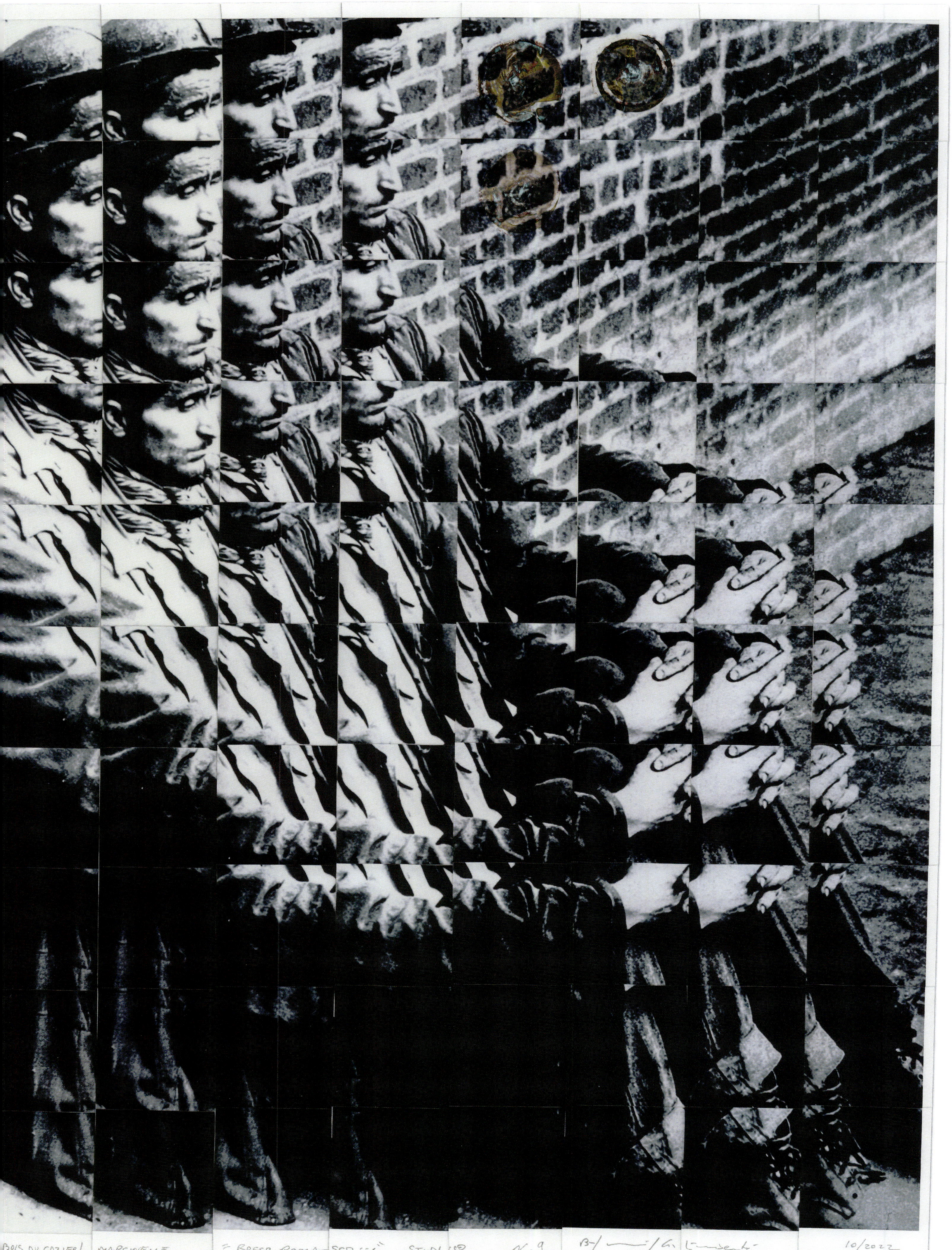

BOIS DU CAZIER/ MARCINELLE "ROCCO ROMANSCO..." STUDIO N. 9 B/ /G. 10/2022

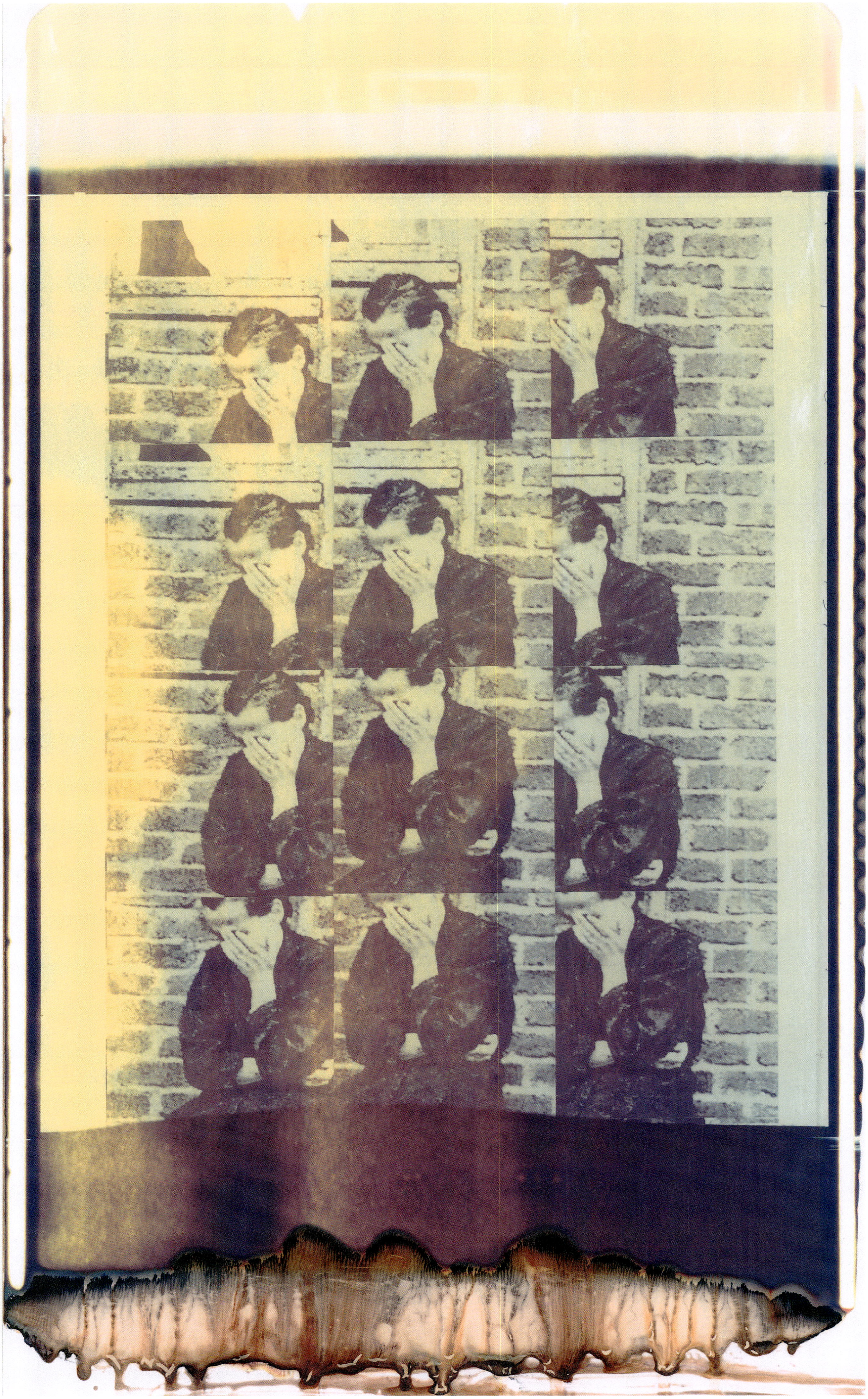

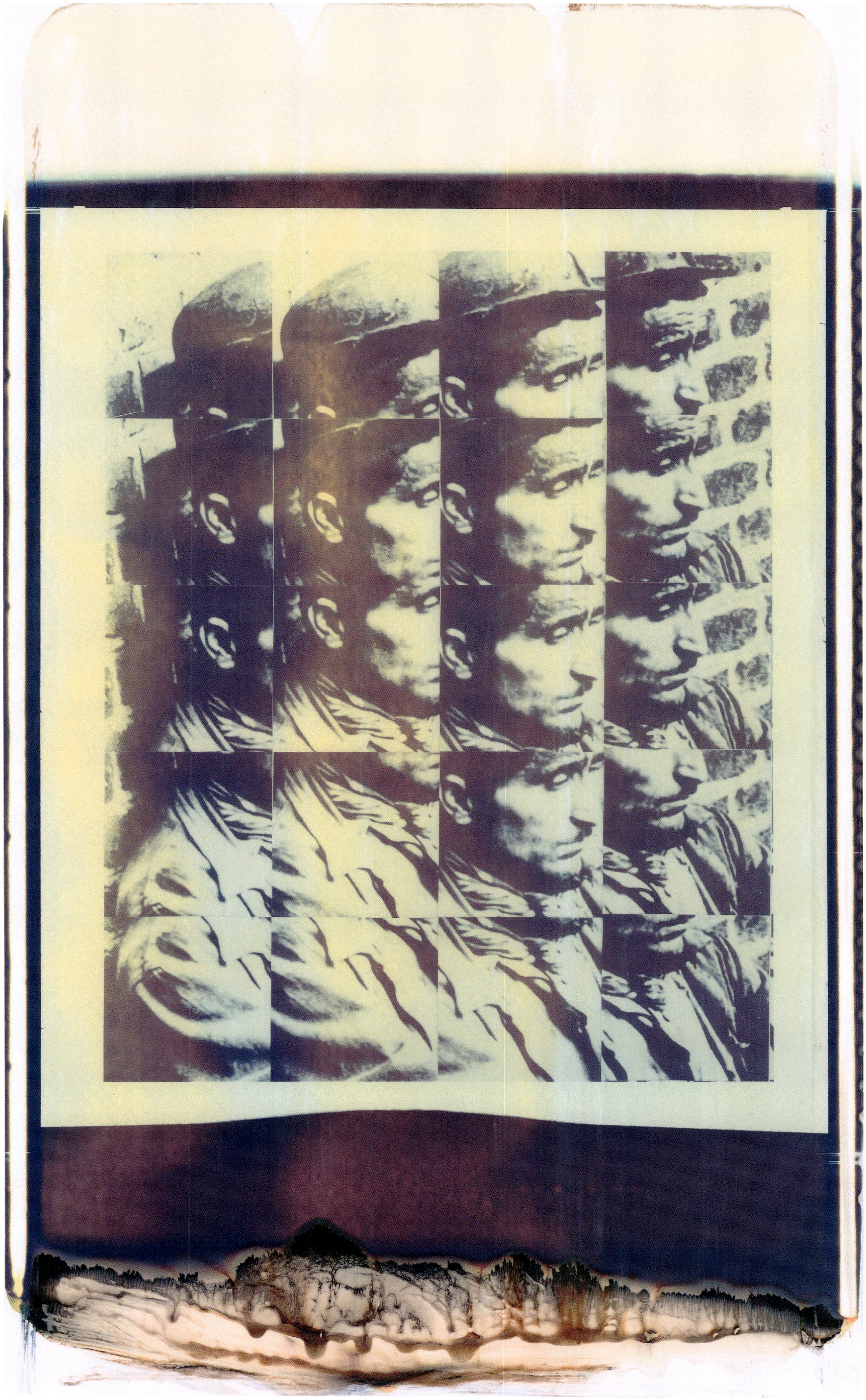

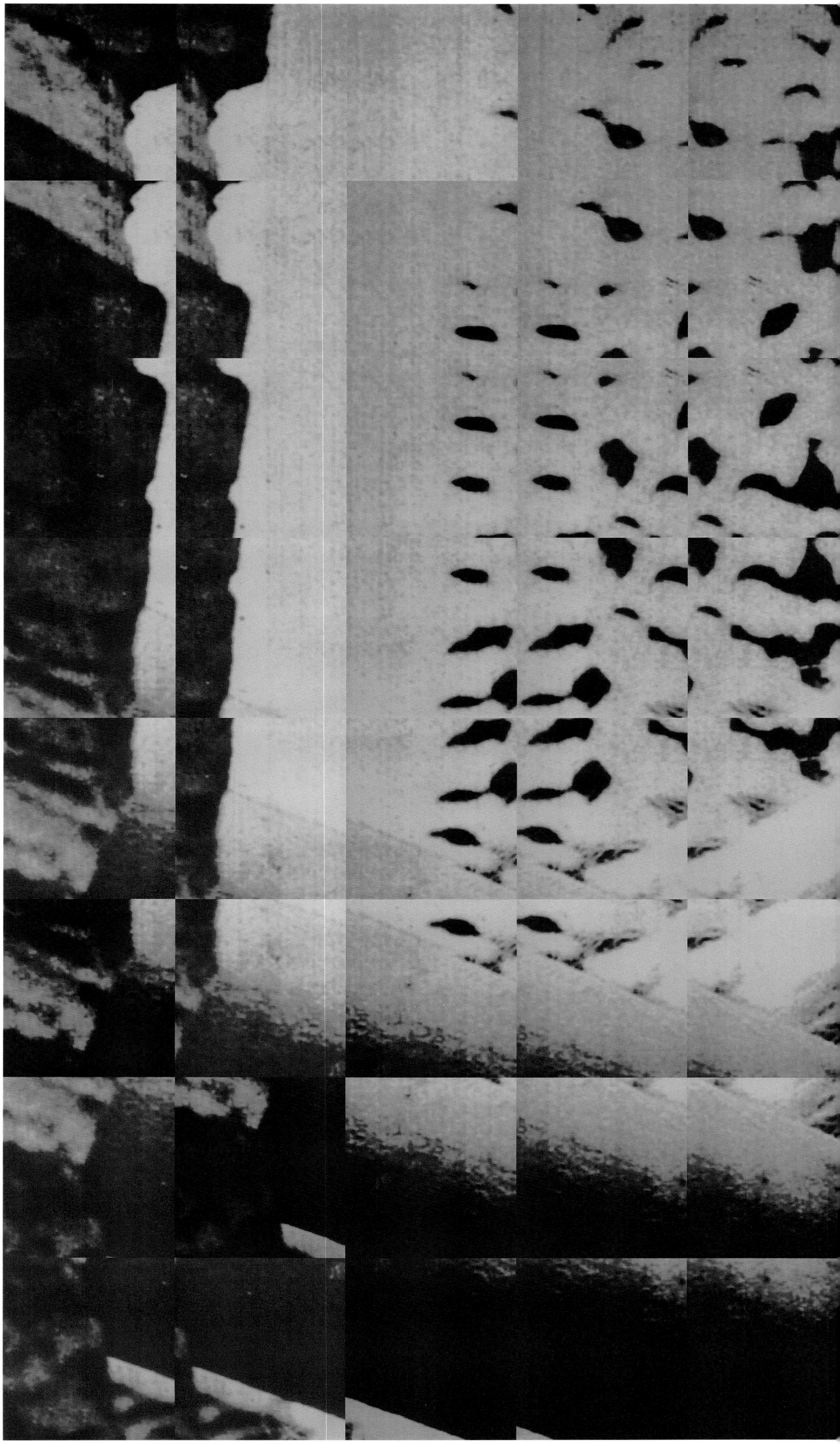

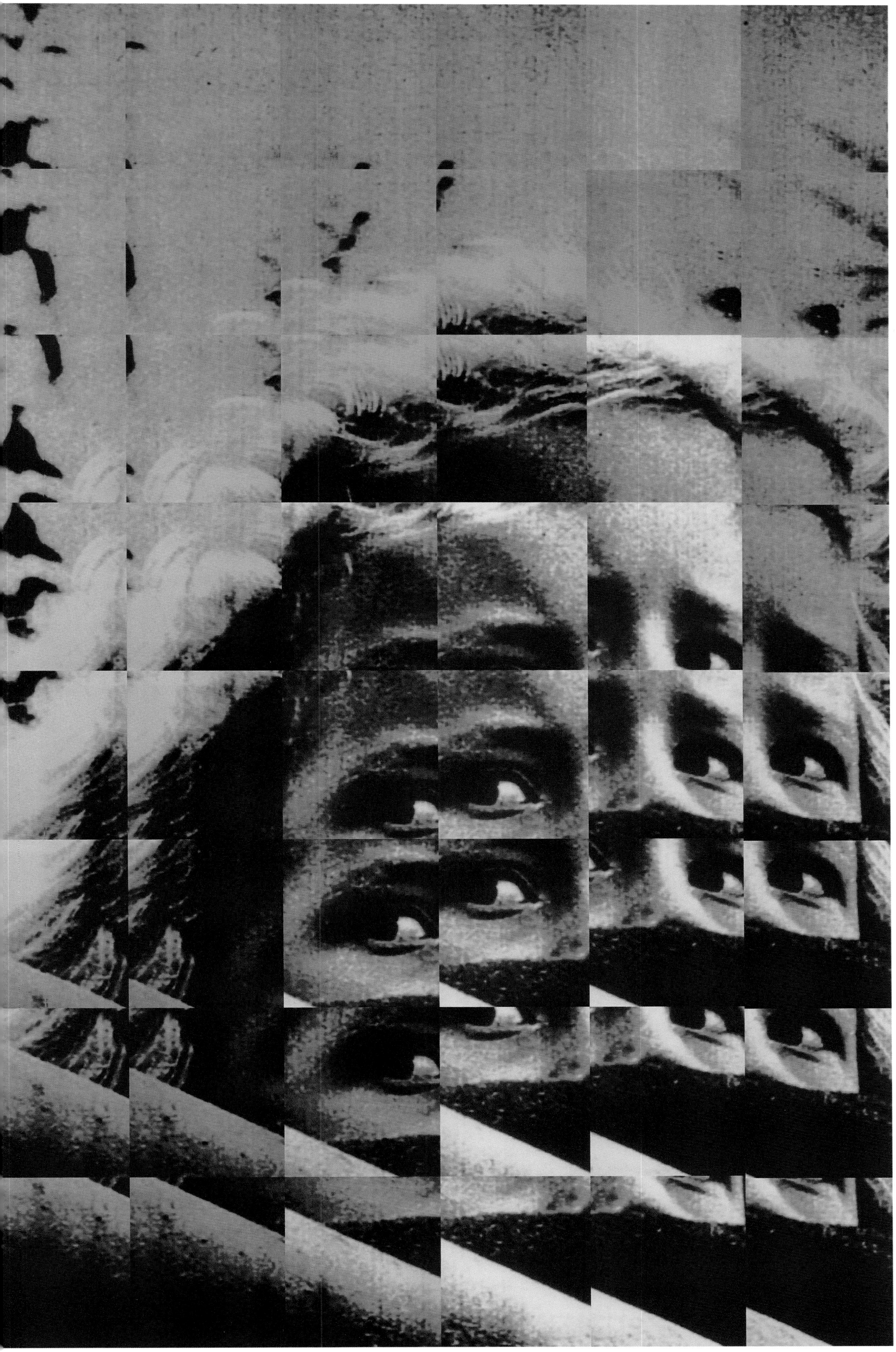

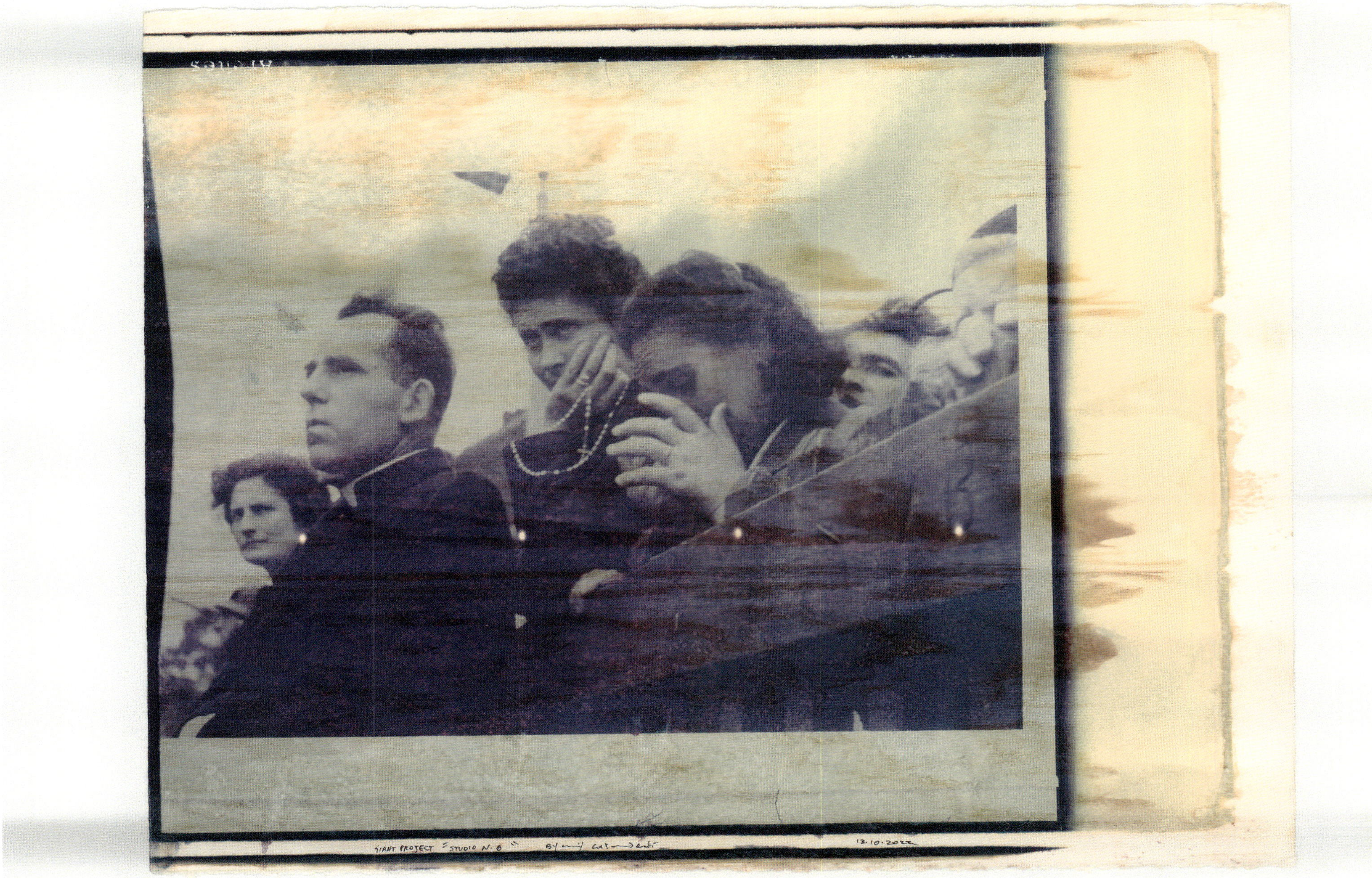
GIANT PROJECT "STUDIO N. 6"
13.10.2022

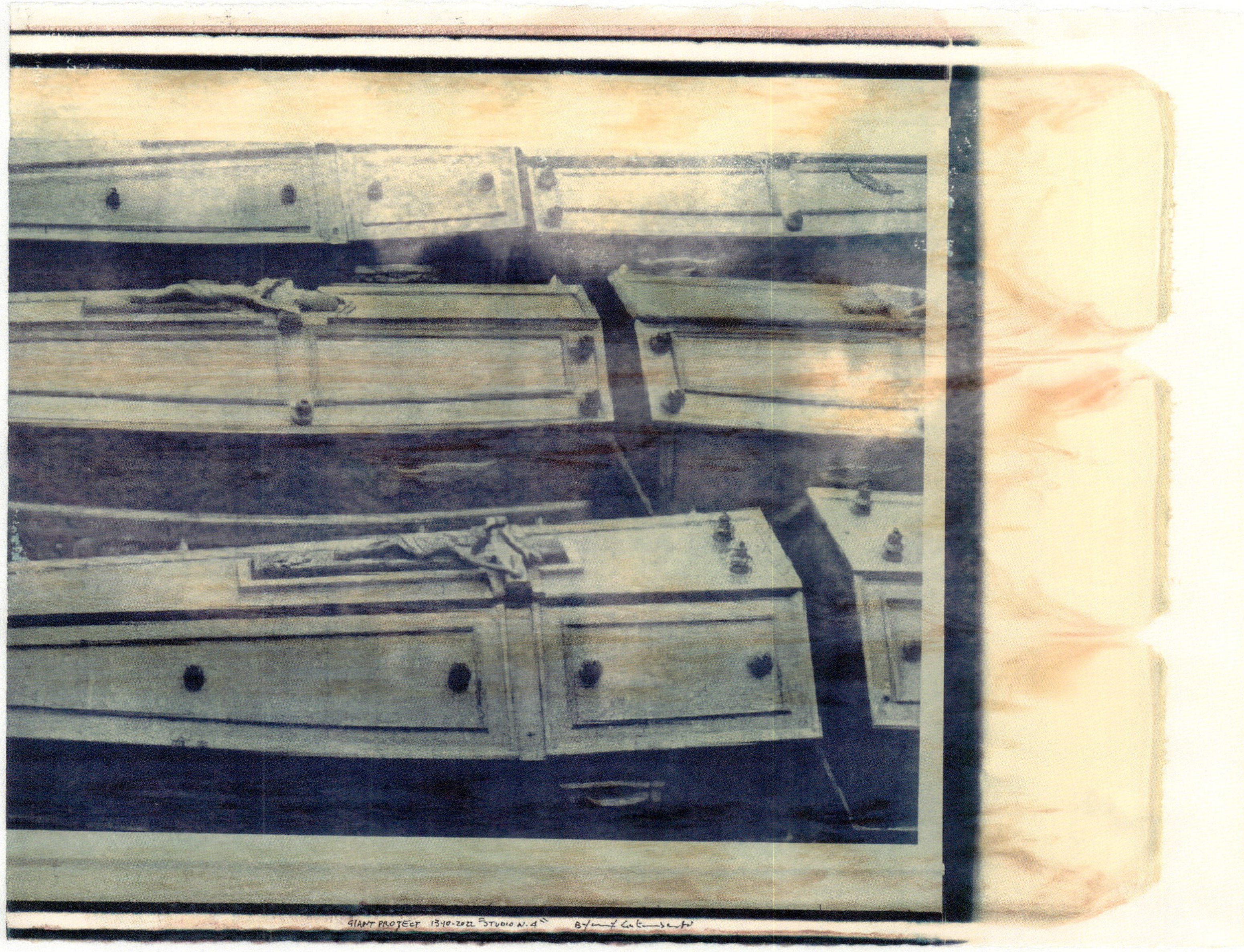
GIANT PROJECT 13-10-2022 "STUDIO N. 4"

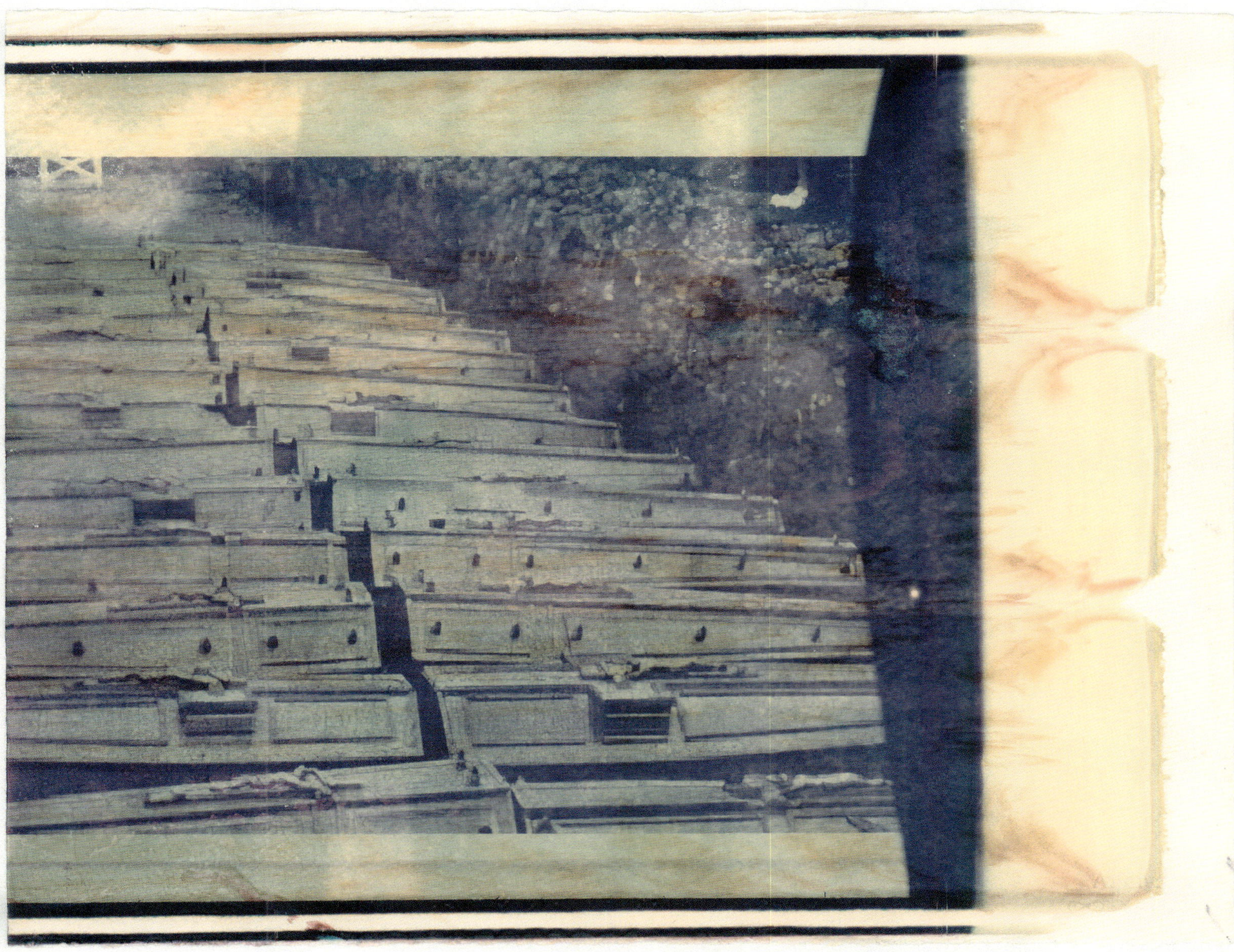

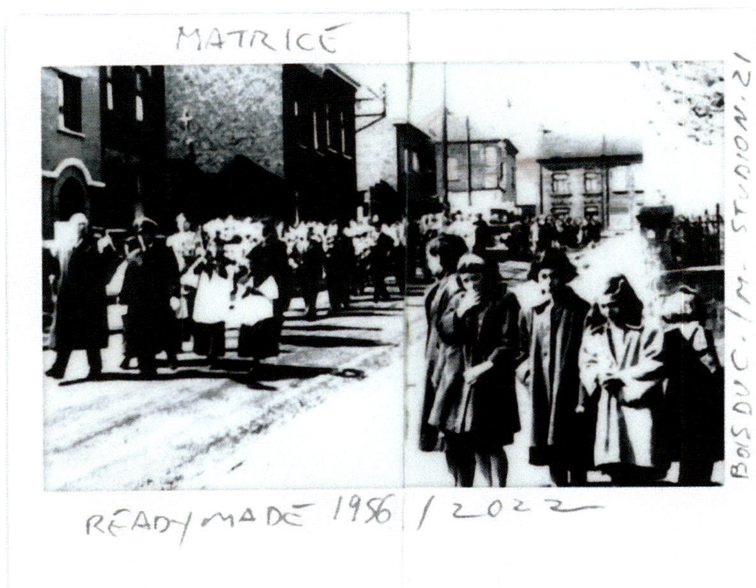
MATRICE
BOSDUC. / M. STUDIO.21
READYMADE 1956 / 2022

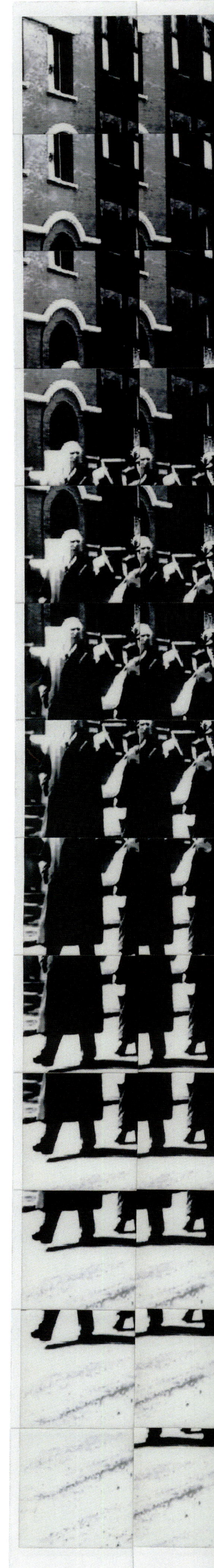

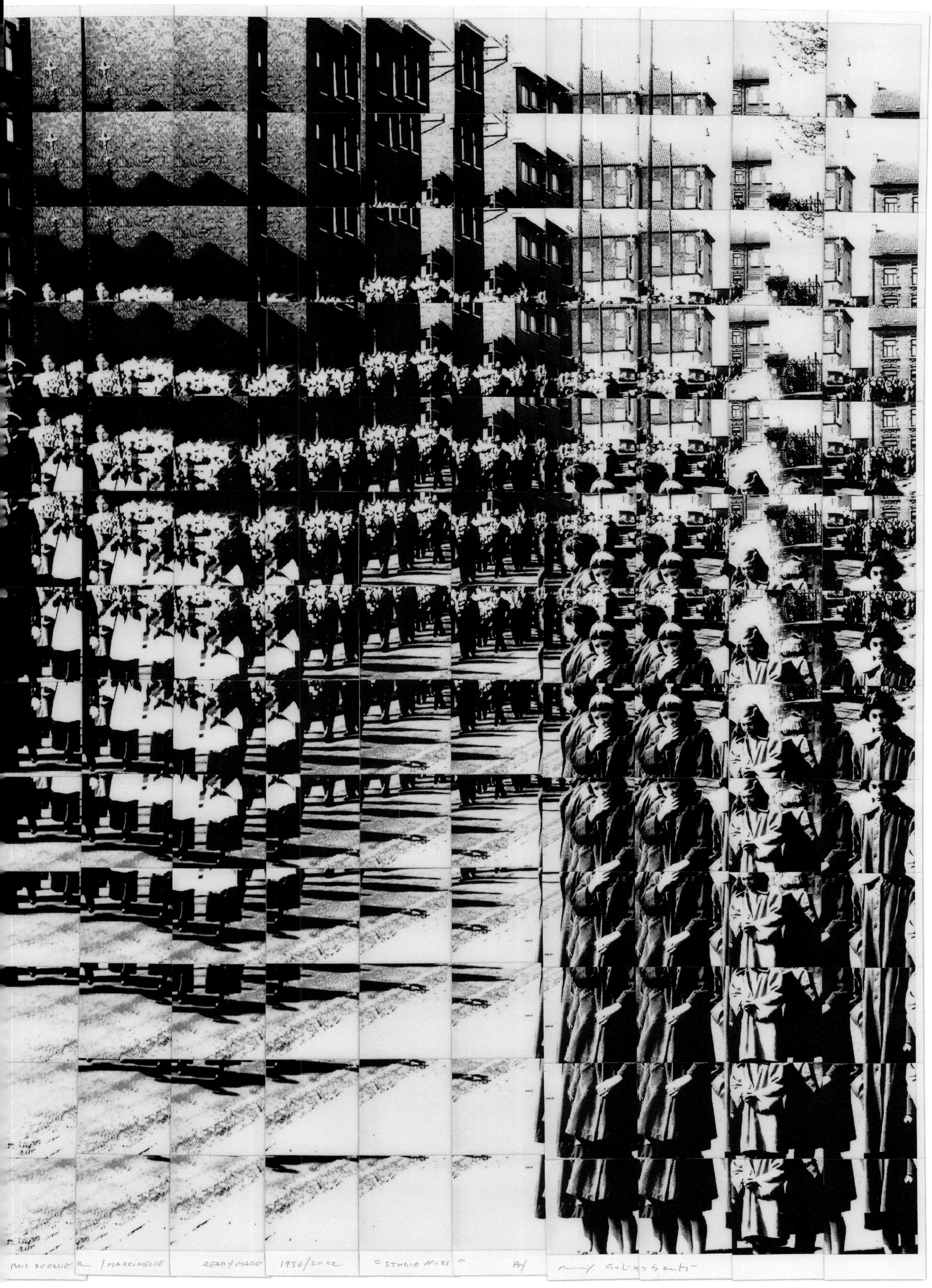
BOIS DU CAZIER / MARCINELLE
READYMADE
1956/2022
"STUDIO N. 21"
BY

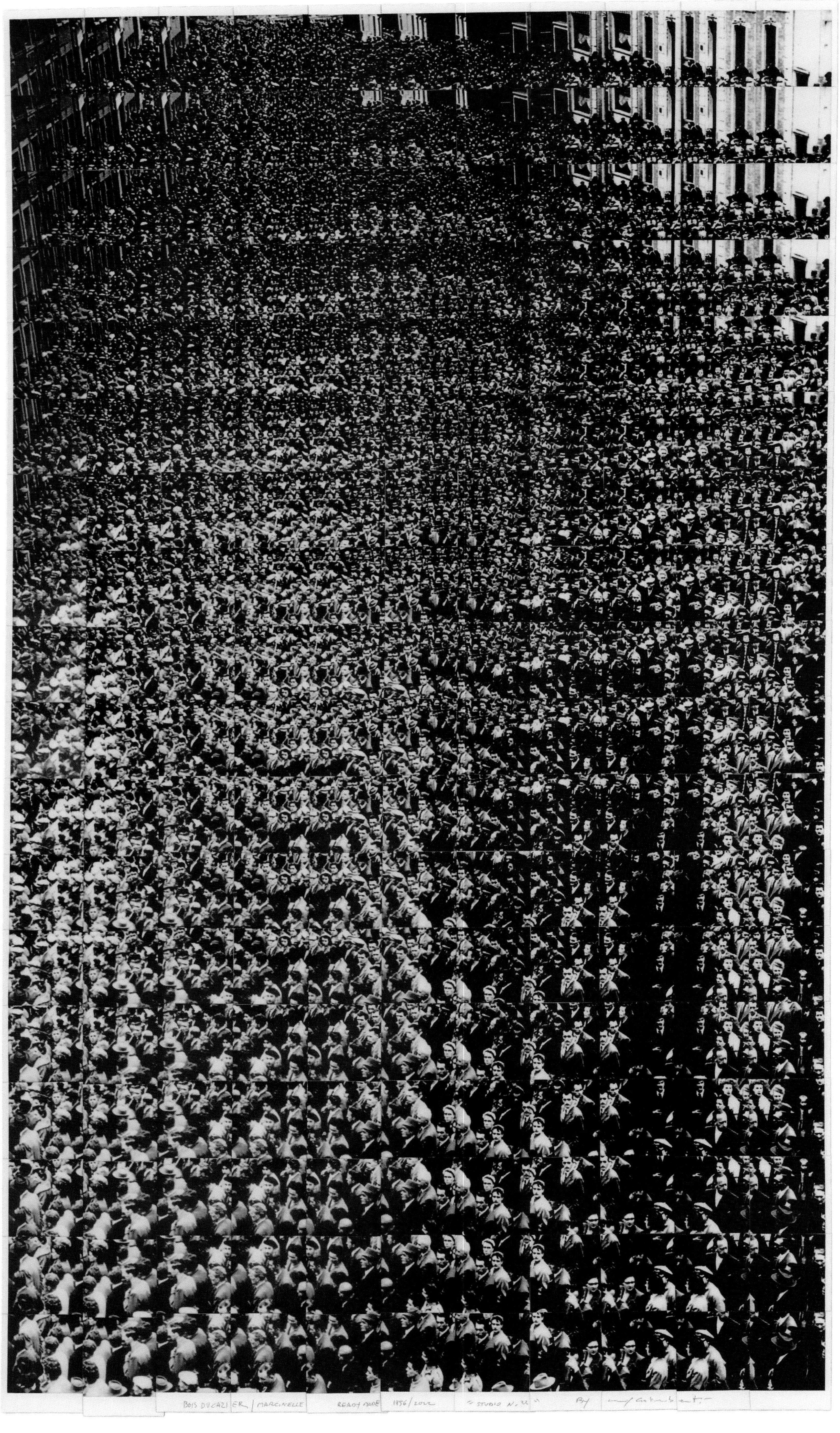
BOIS DU CAZIER / MARCINELLE
READY MADE
1956/2022
"STUDIO N. 22"
BY

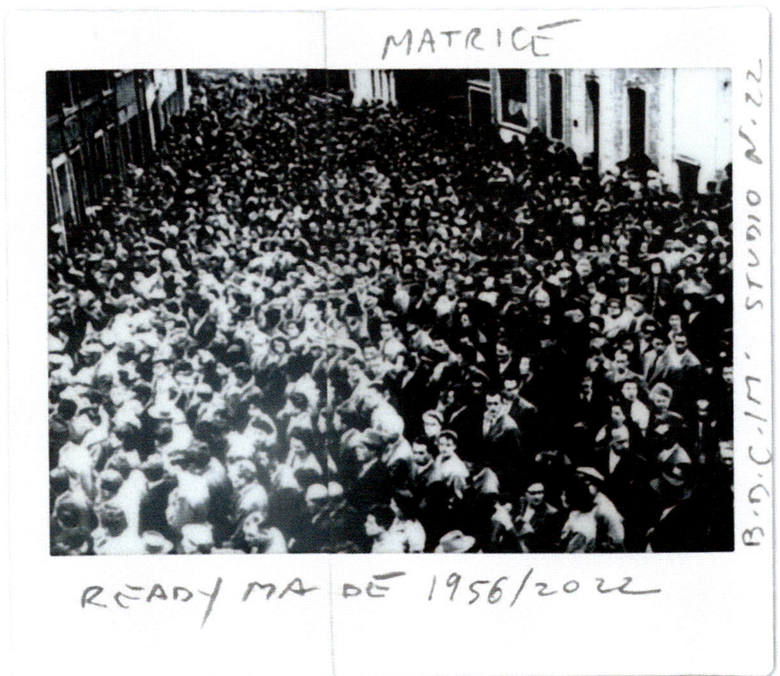
MATRICE
B.D.C.IM' STUDIO N.22
READY MADE 1956/2022

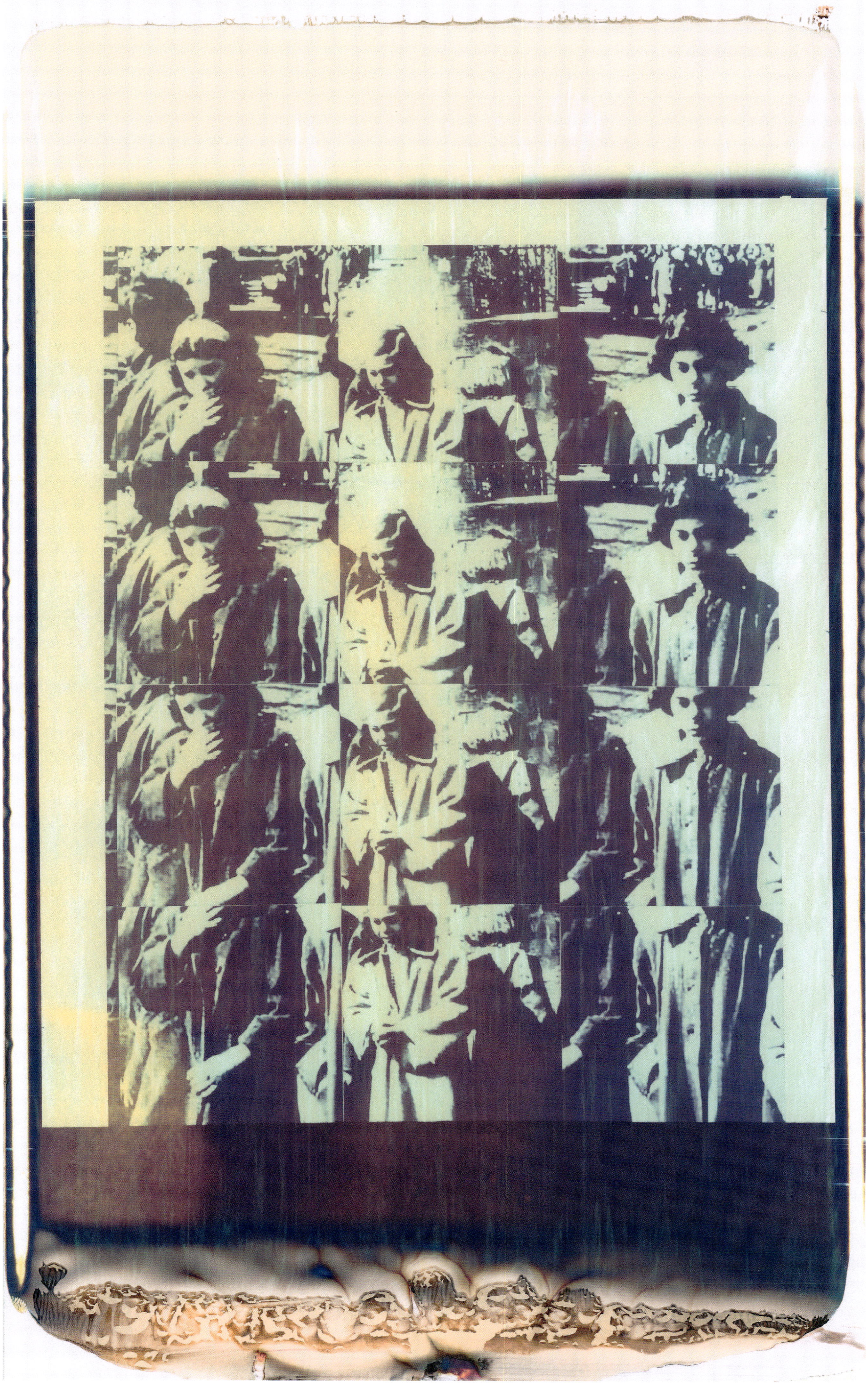

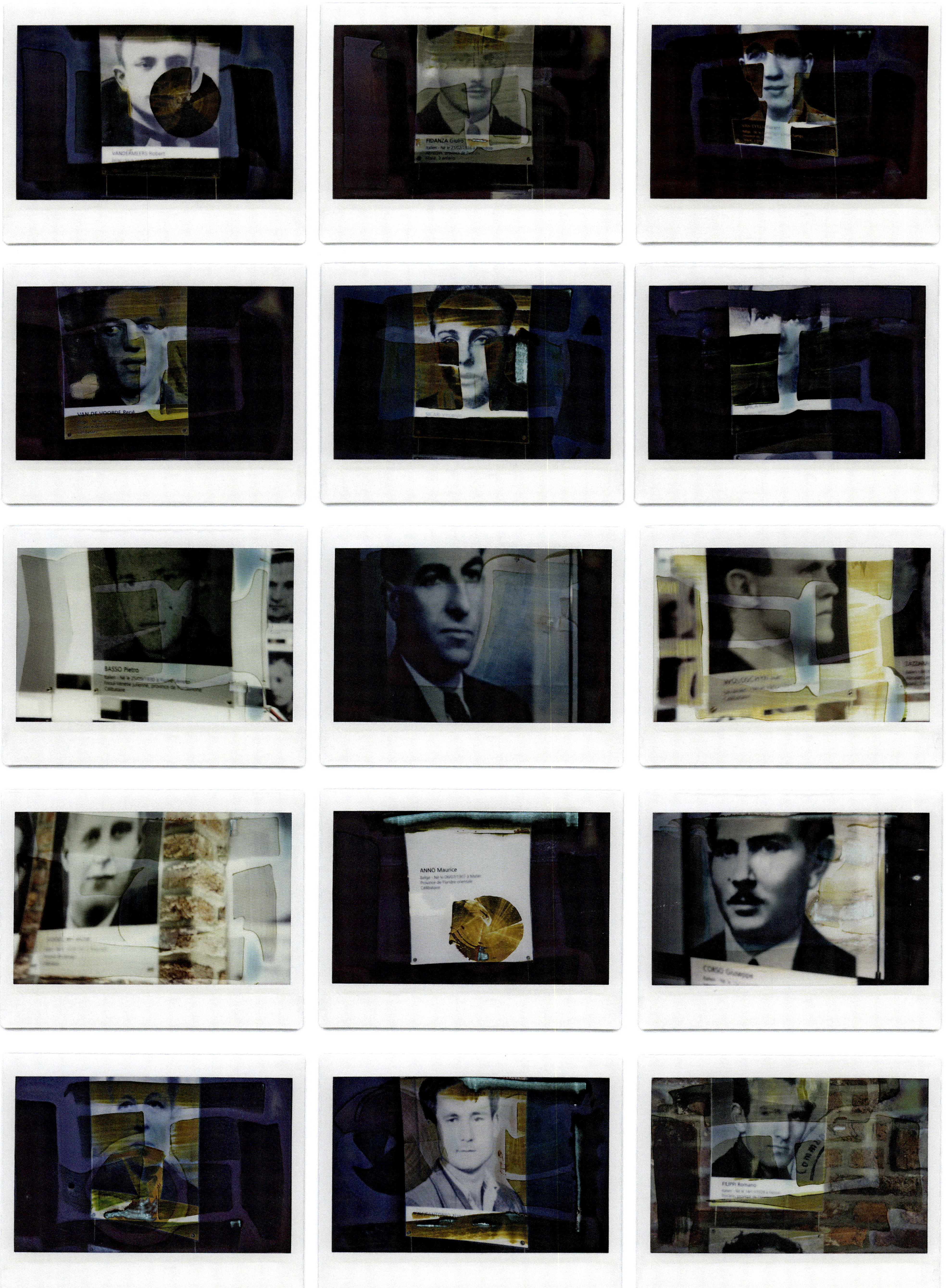

FIDANZA Giulio
VAN DE VOORDE René
BASSO Pietro
ANNO Maurice
CORSO Giuseppe
FILIPPI Romano

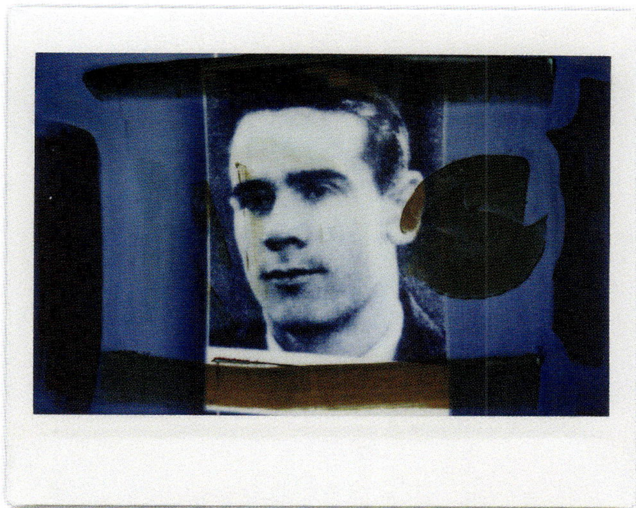
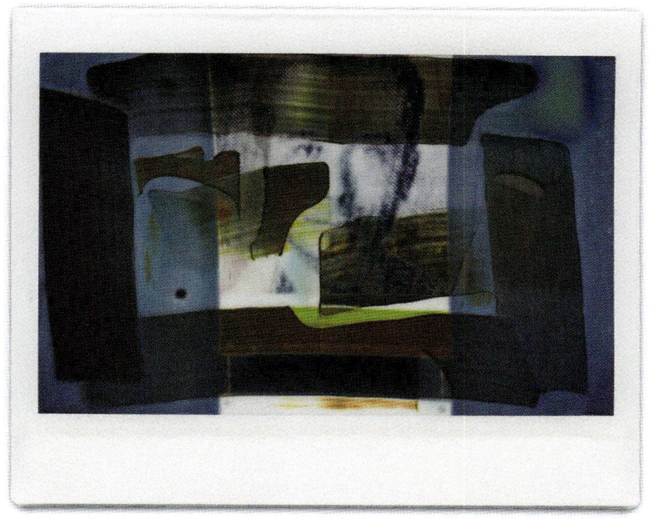
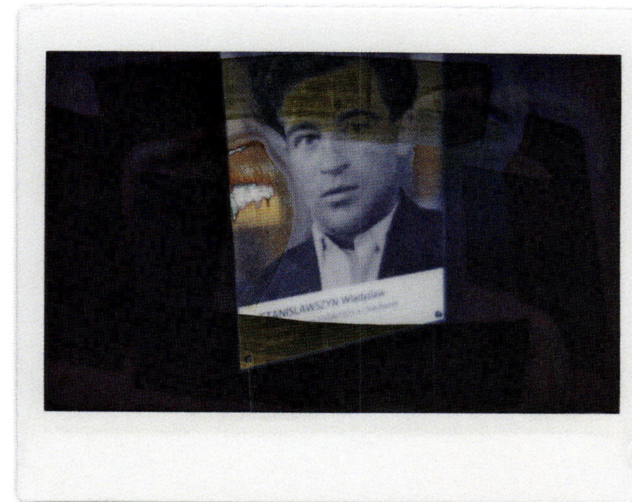
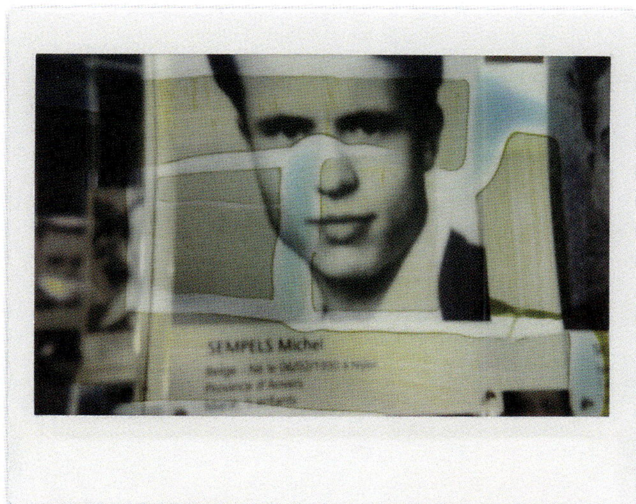
SEMPELS Michel
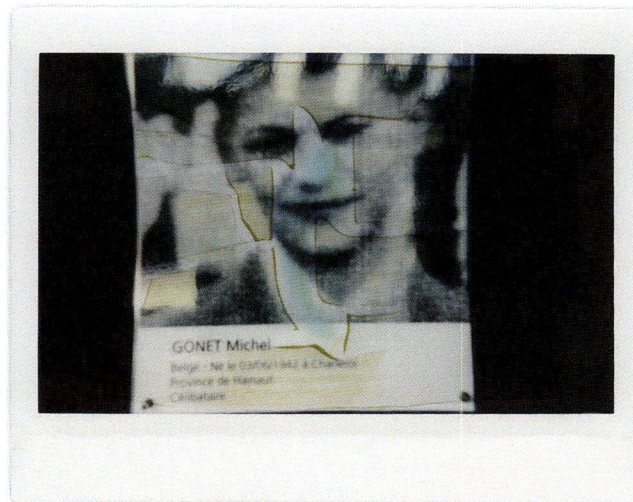
GONET Michel
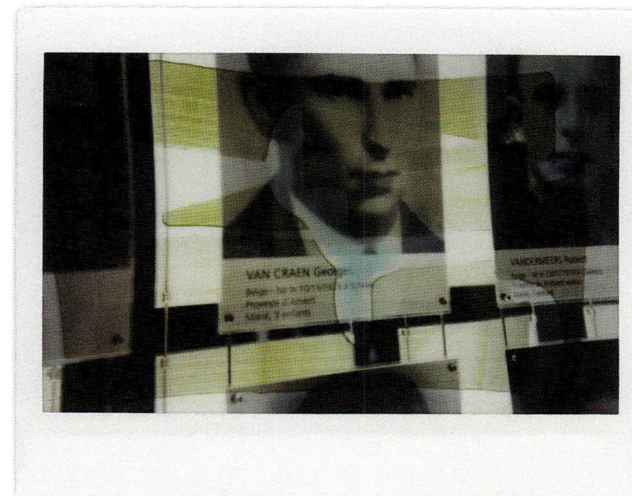
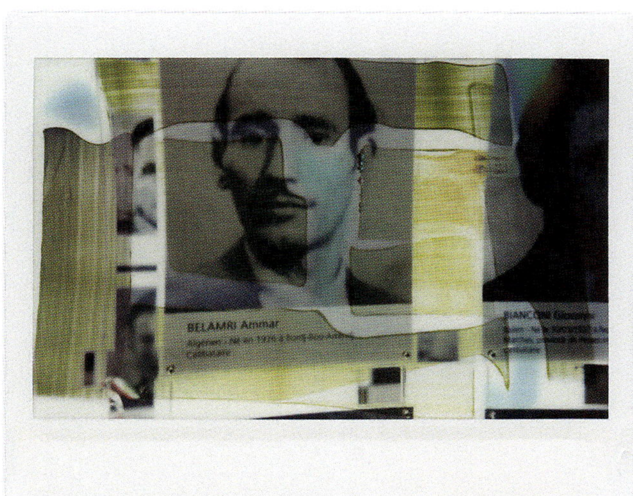
BELAMRI Ammar
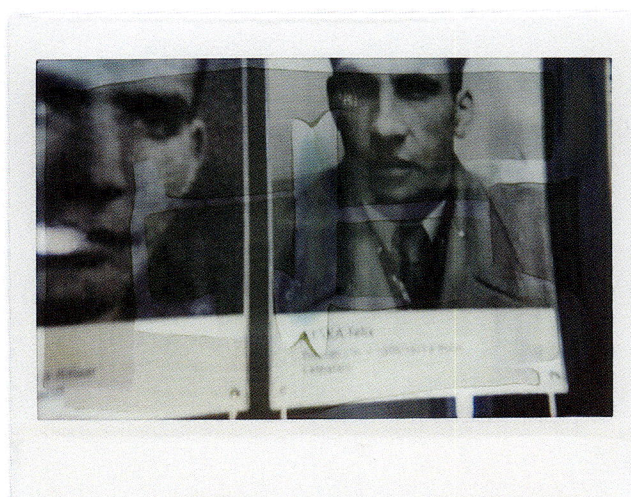
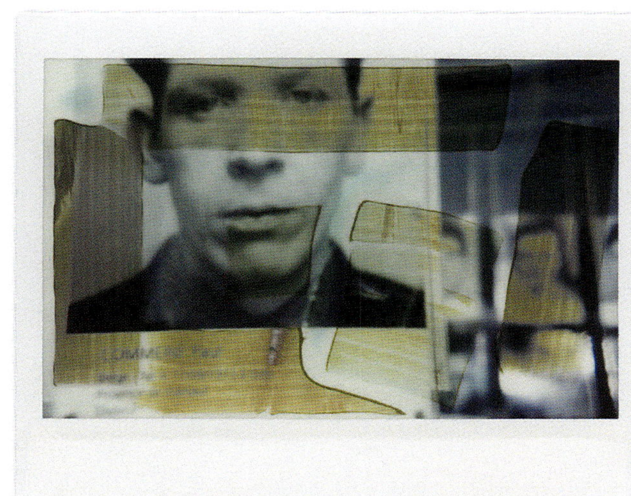
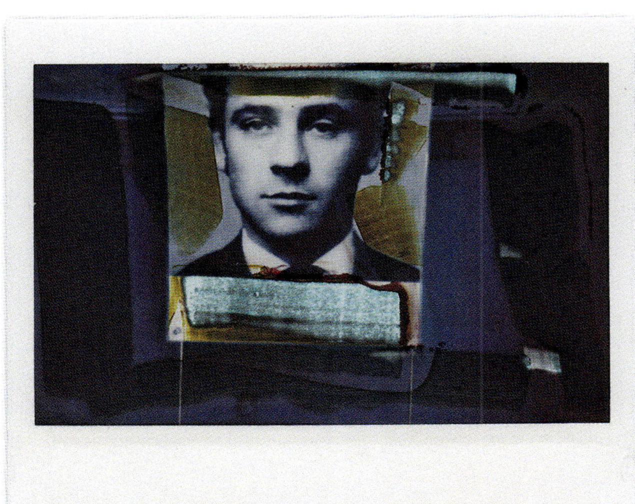
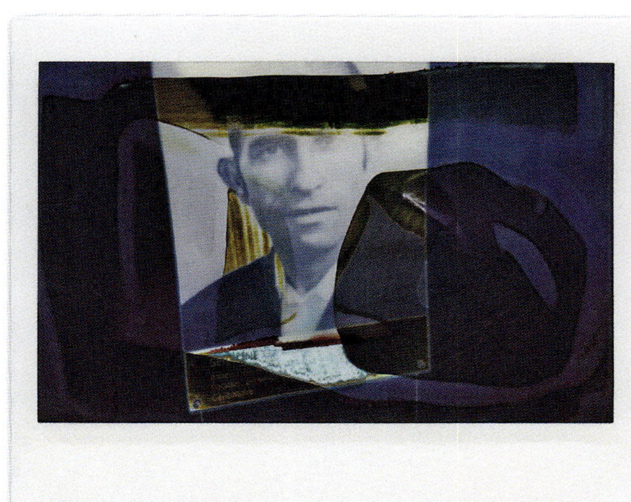
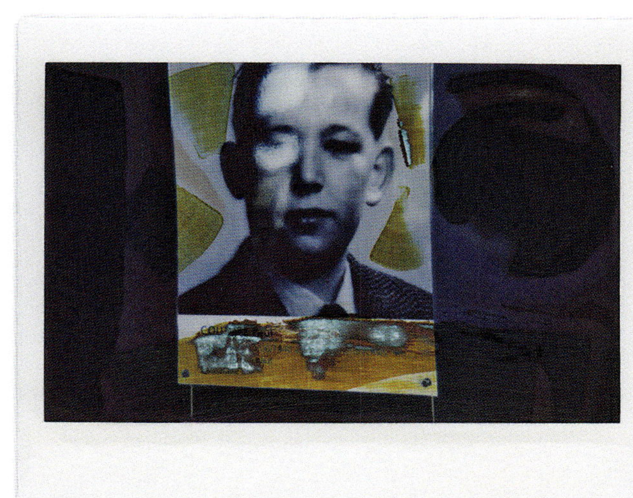

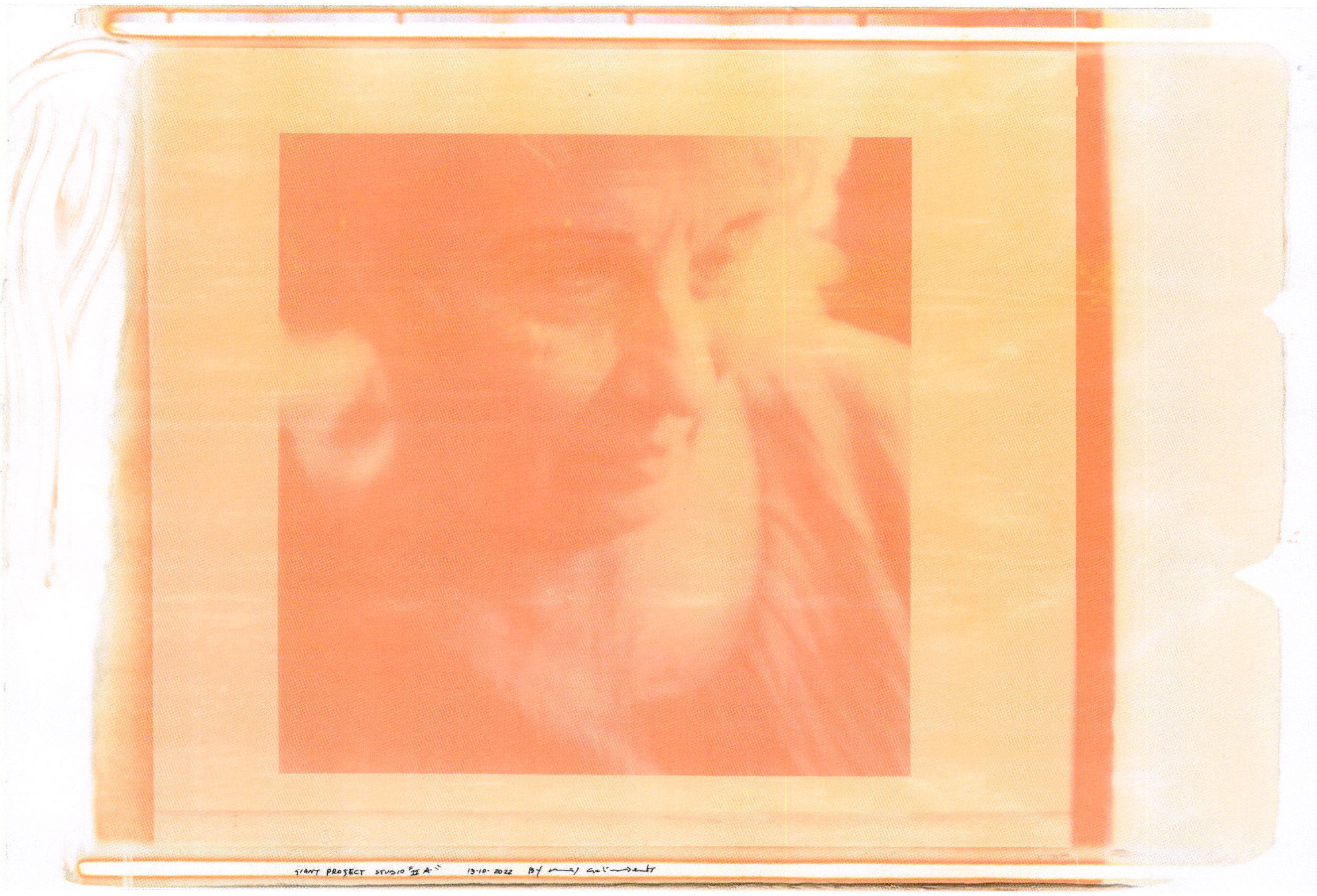
GIANT PROJECT STUDIO "II A" 13.10.2022

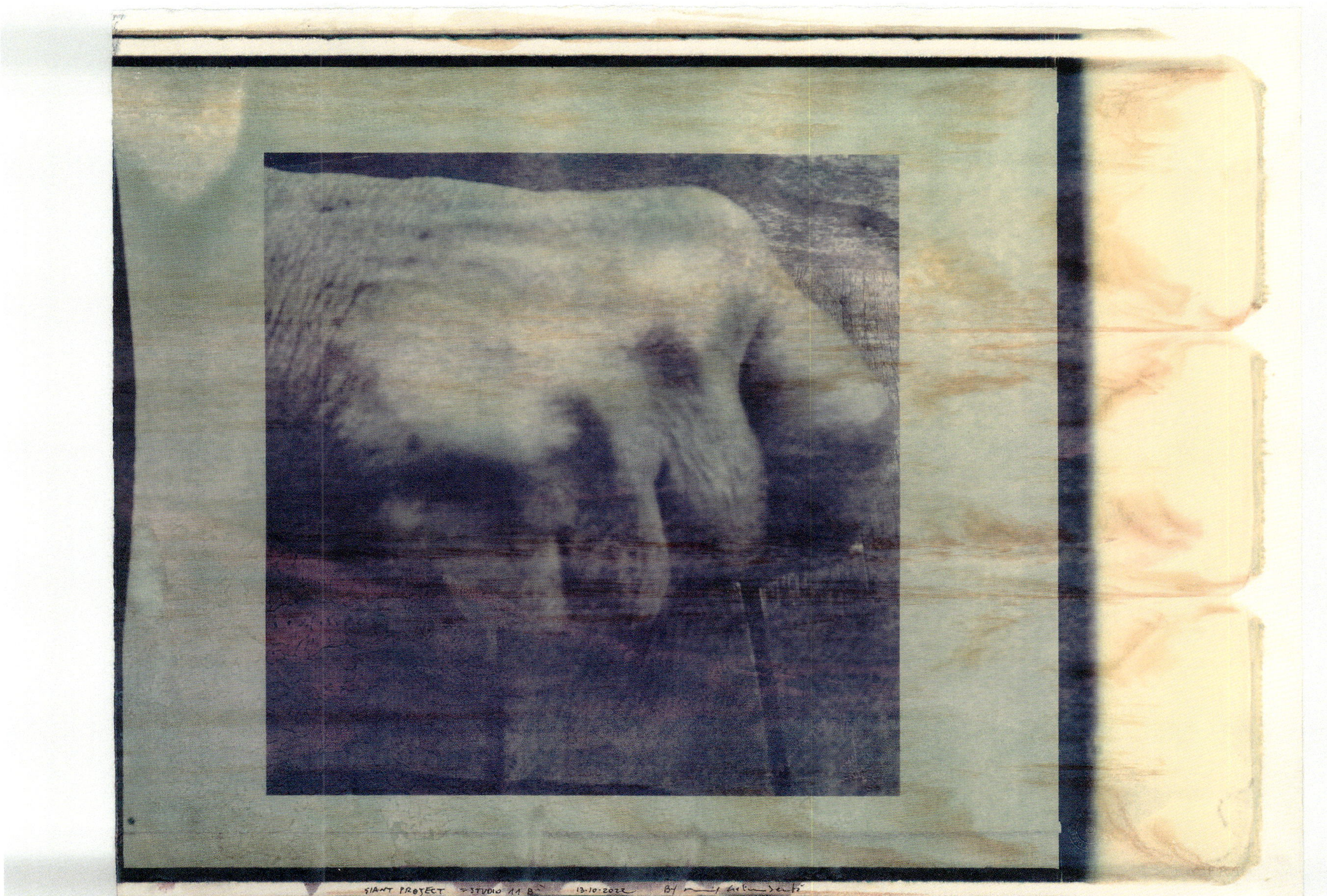
GIANT PROJECT "STUDIO 11 B" 13.10.2022

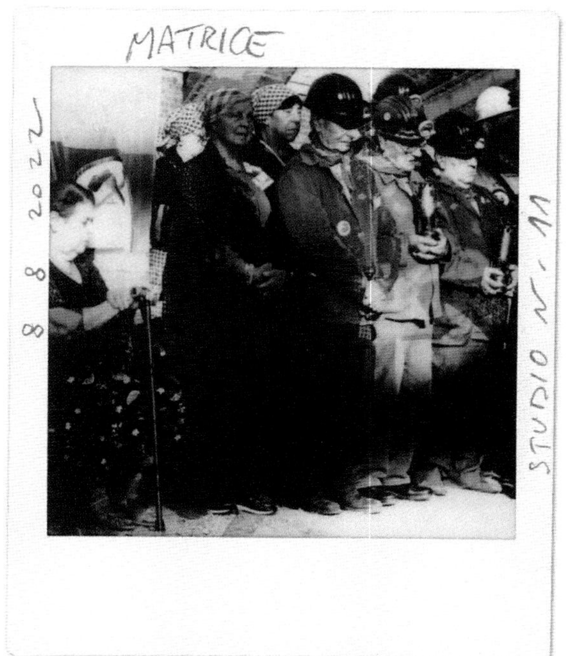
MATRICE
8 8 2022
STUDIO N. 11

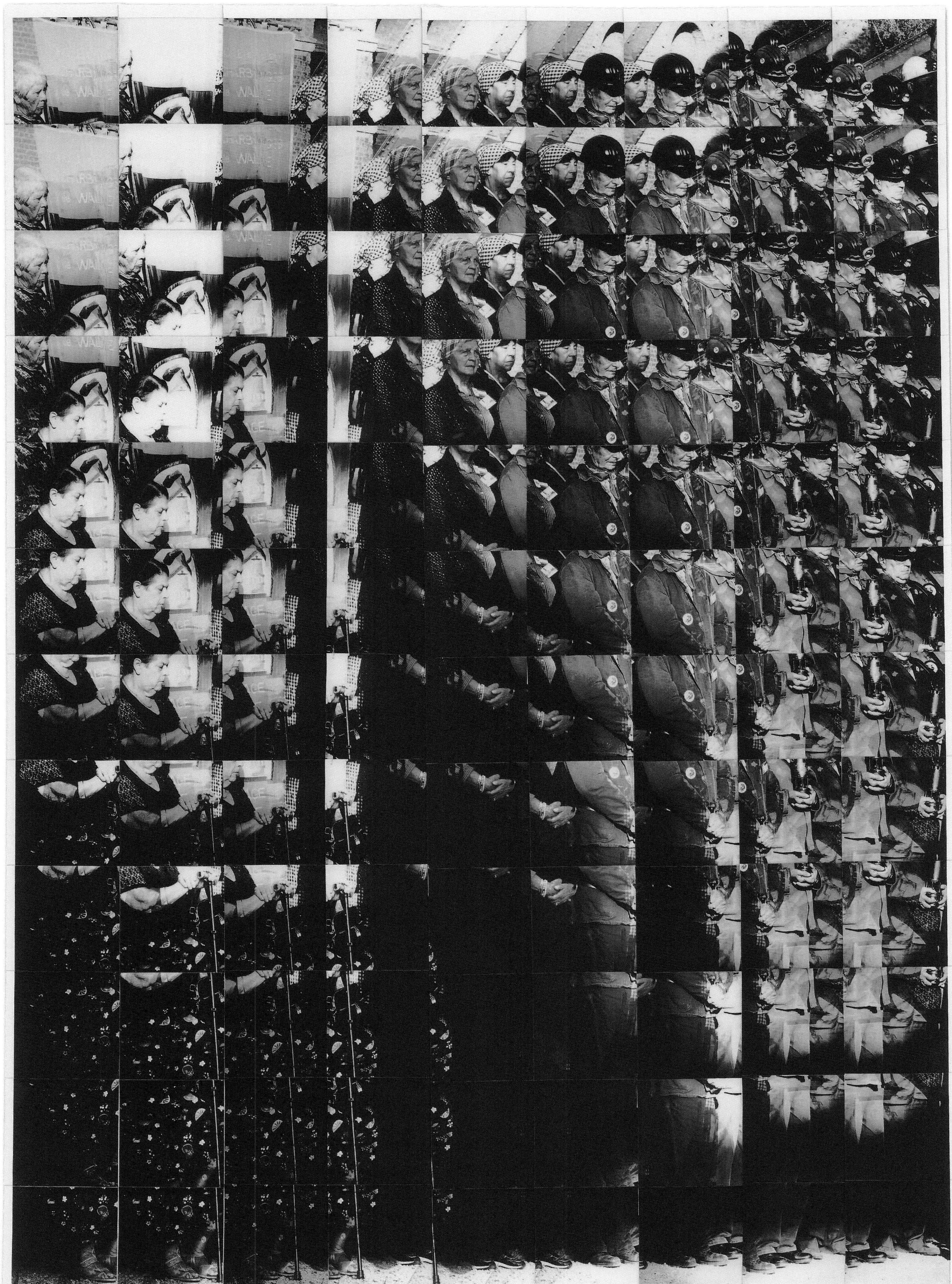

BOIS DU CAZIER | MARCINELLE 8 8 2022 ORE 8.10 "IL DOLORE DEL RICORDO..." BY STUDIO N.11

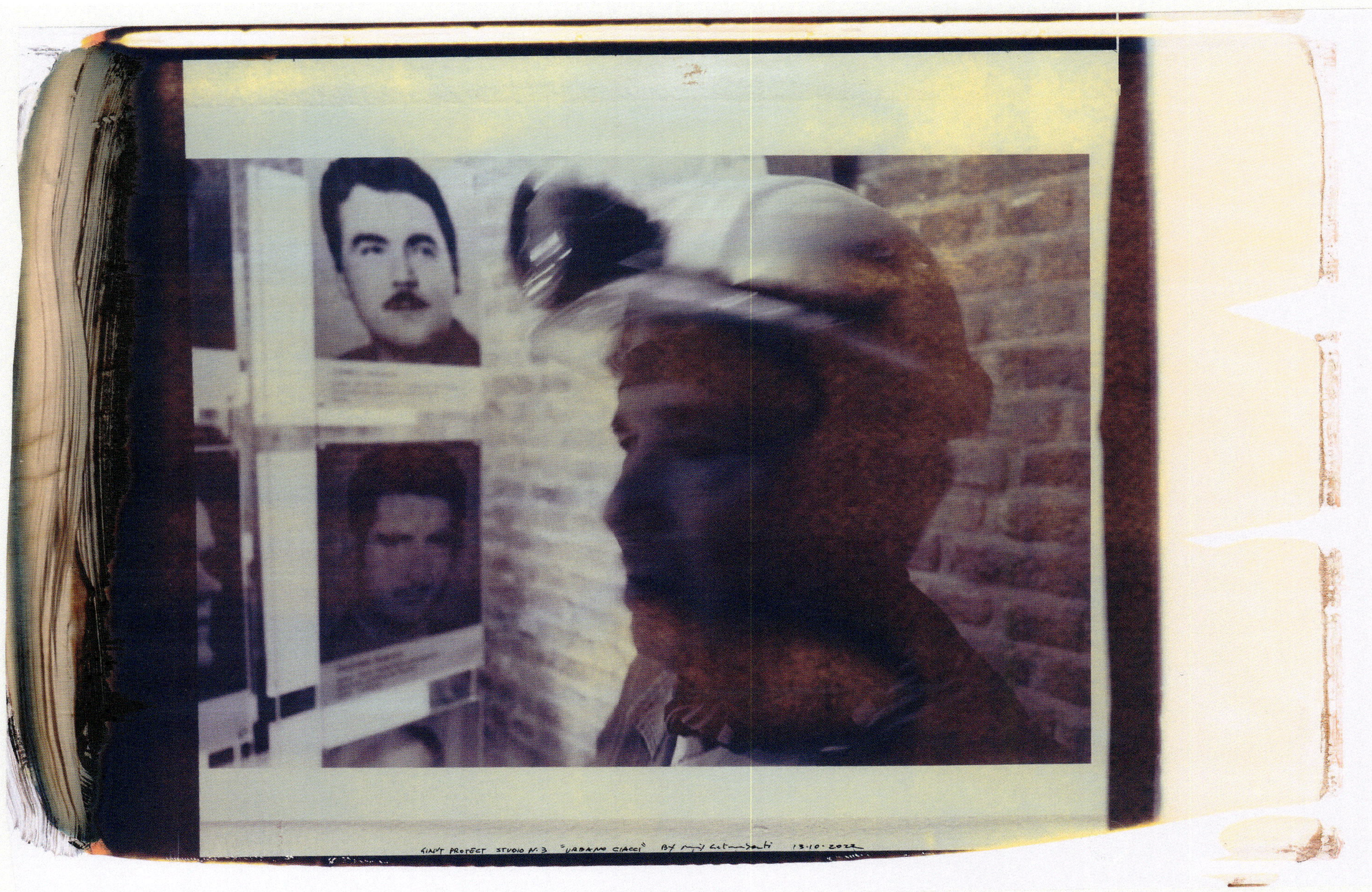
GIANT PROJECT STUDIO N.3 "URBANO CIACCI" BY 13.10.2022

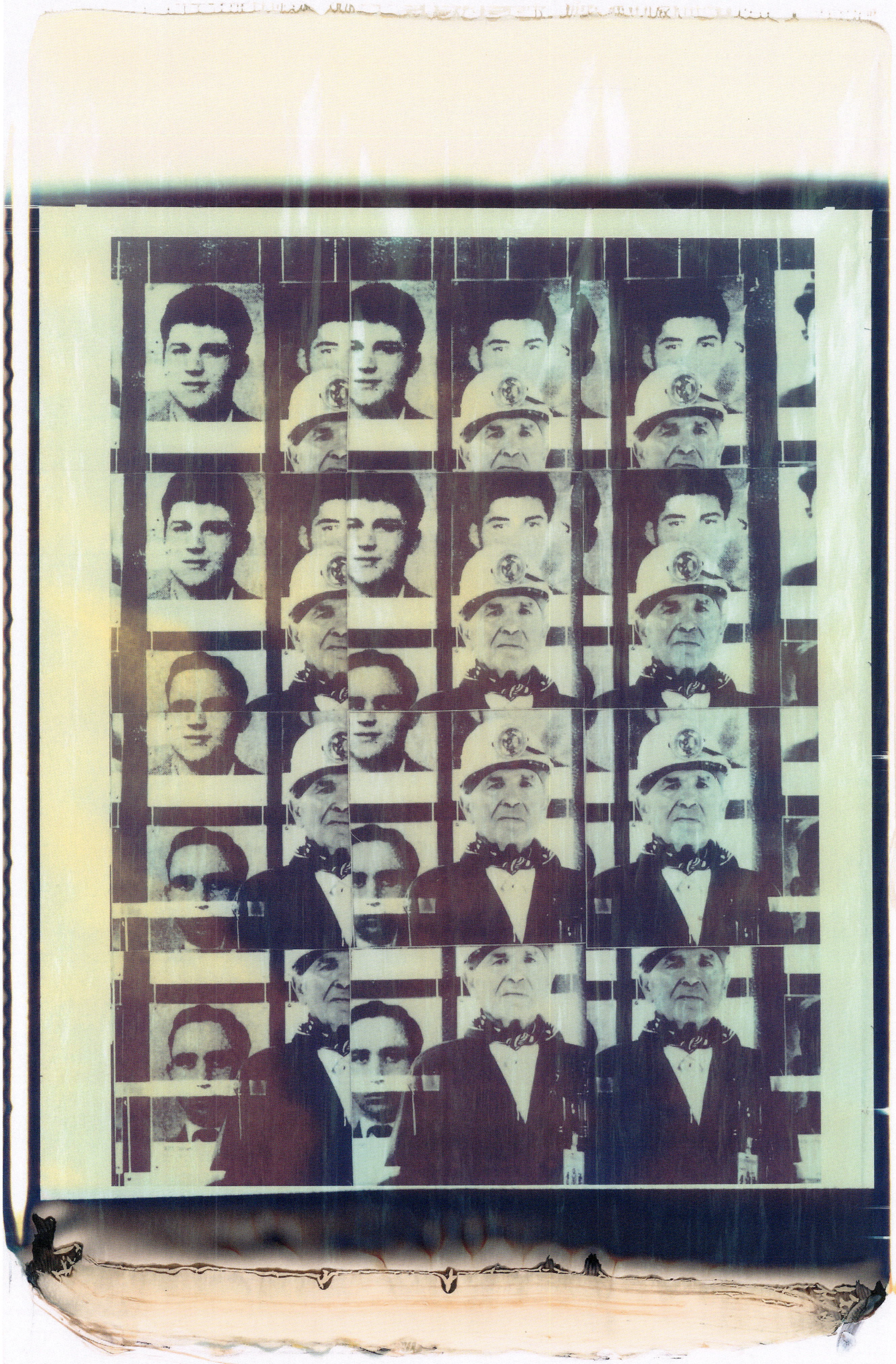

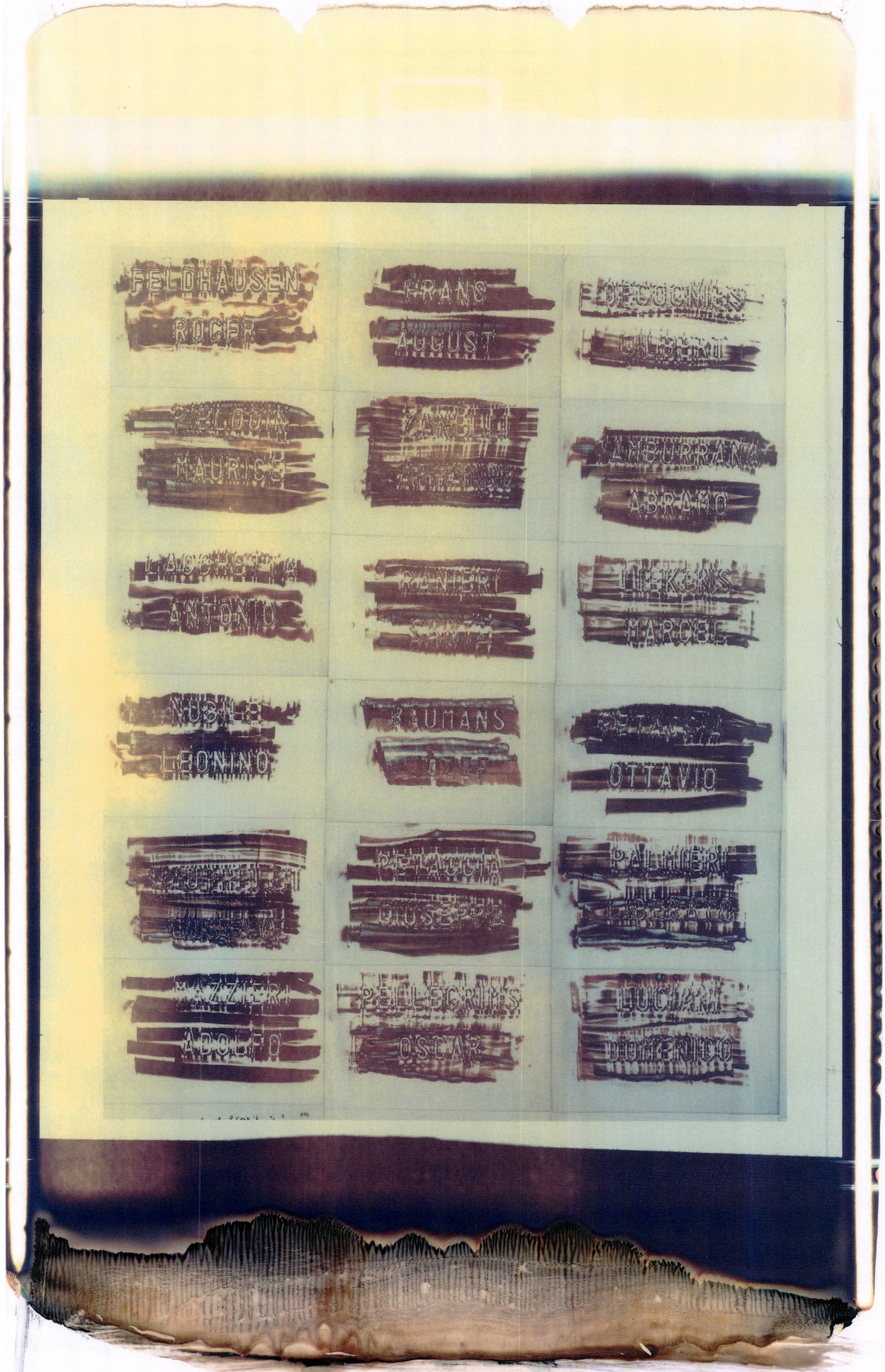
FELDHAUSEN
ROGER
FRANS
AUGUST
ABRAMO
ANTONIO
RANIERI
MARCEL
BAUMANS
LEONINO
OTTAVIO
PELACCIA
GIUSEPPE
PALMIERI
MAZZIERI
ADOLFO
PELLEGRINI
OSCAR
LUCIANI
DOMENICO

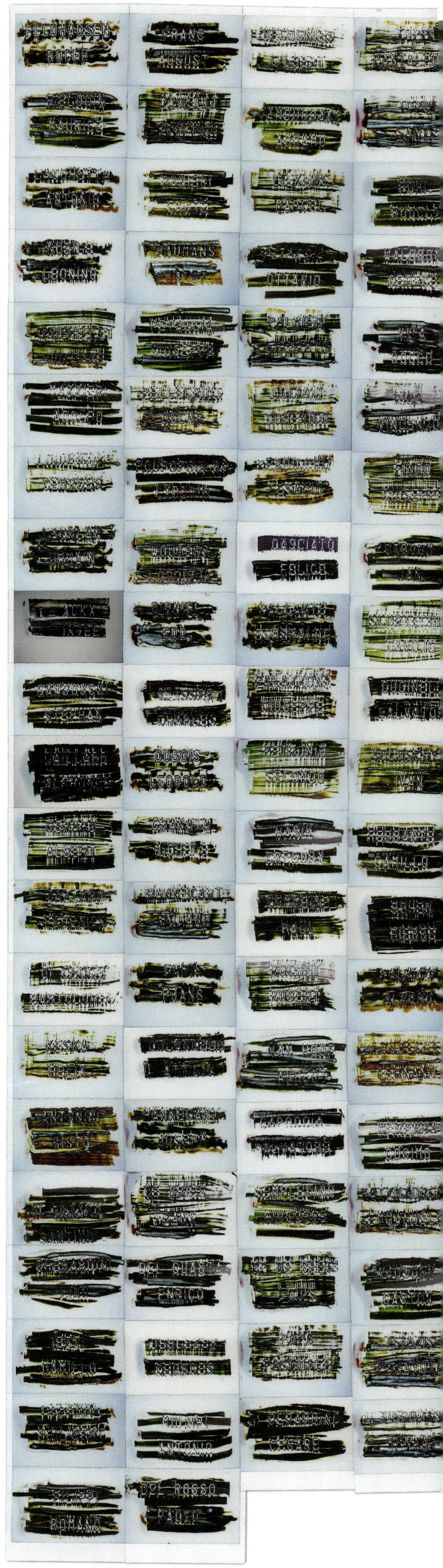

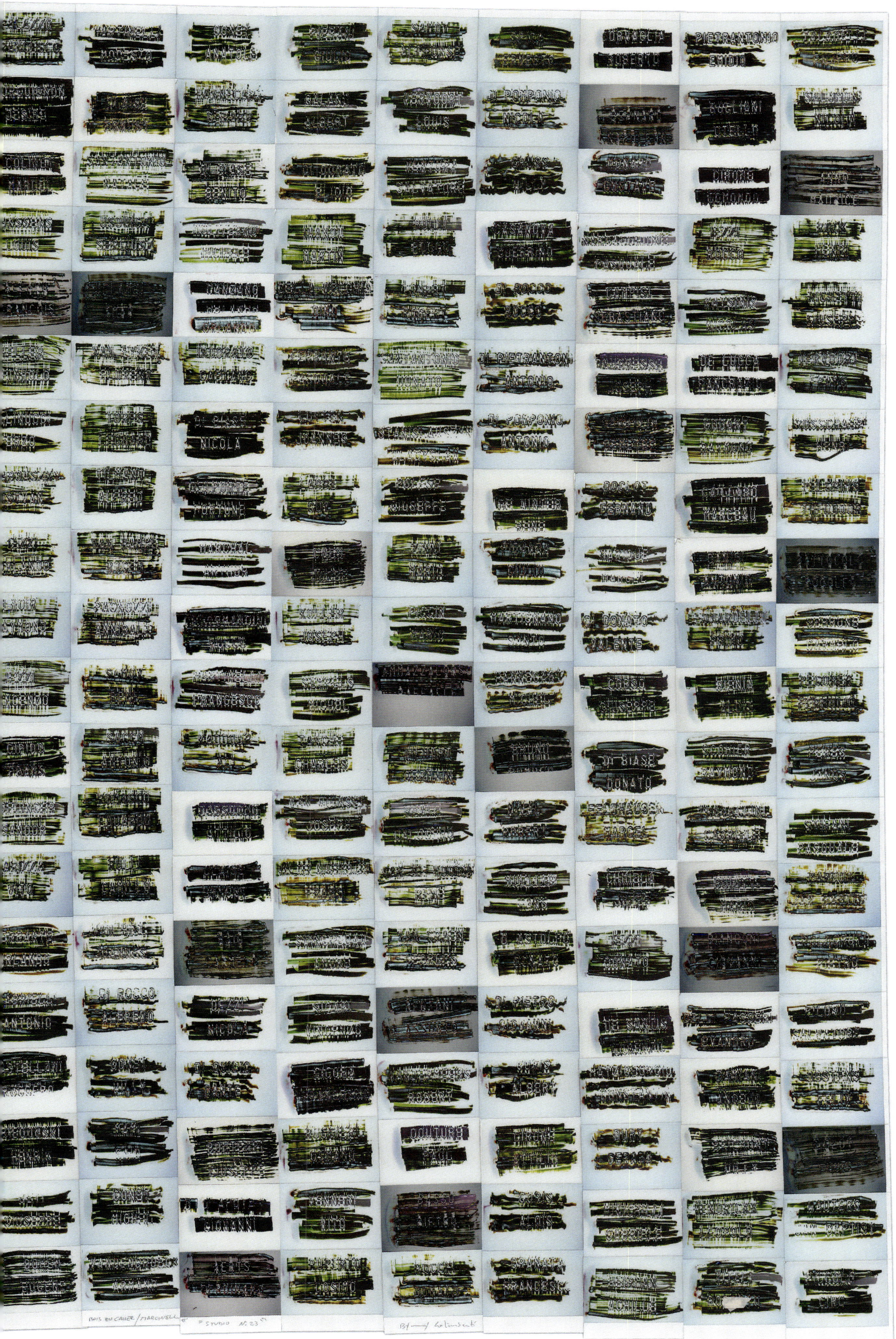

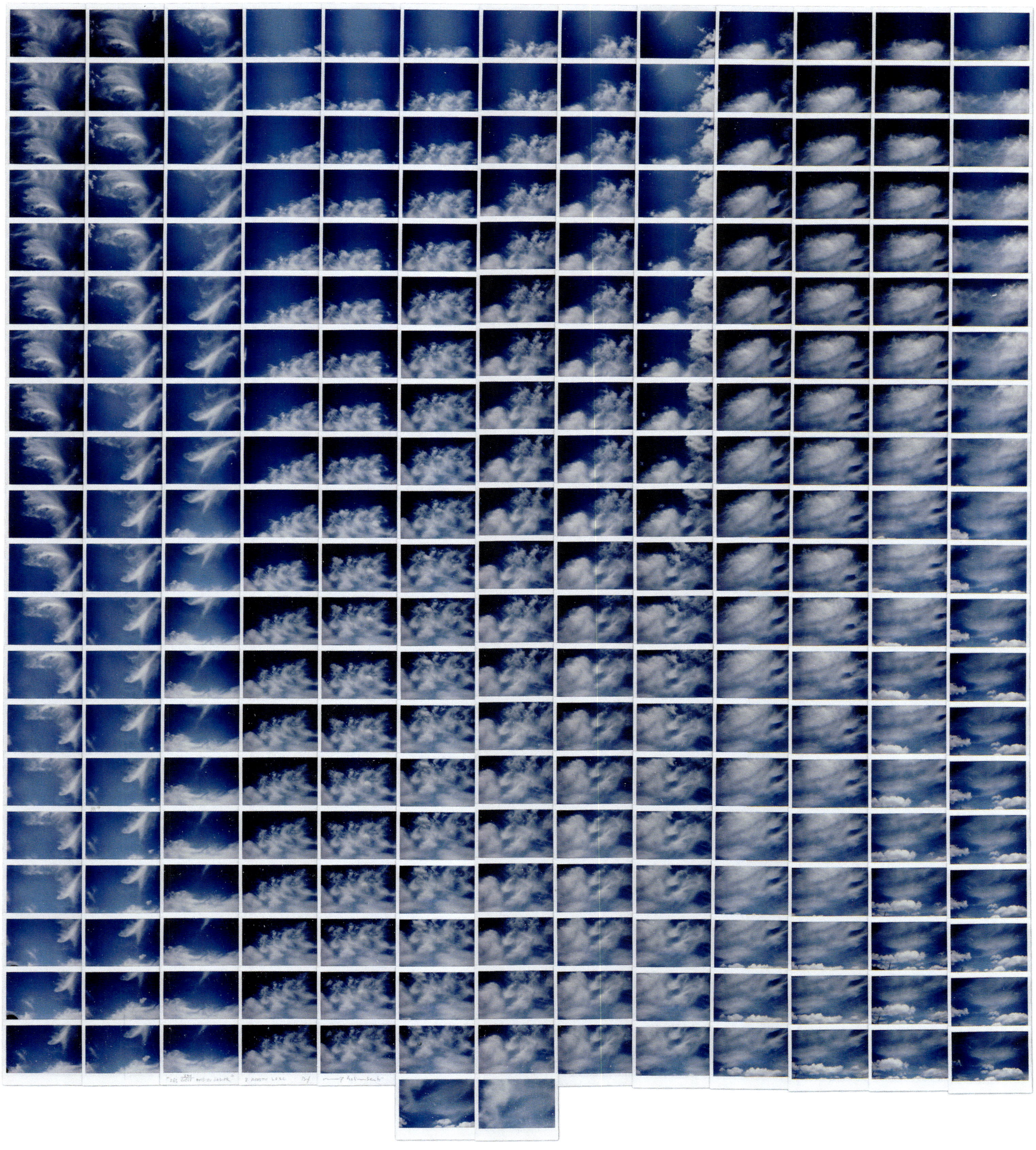